CAD/CAM/CAE
工程应用与实践丛书

AutoCAD
电气应用与实训教程

郑 彬 编著

U0252815

清华大学出版社
北京

内 容 简 介

    本书以 AutoCAD 软件为载体,以电气 CAD 基础知识为主线,以单元讲解的形式安排章节。在每讲中,结合典型的实例分步进行详细讲解,最后进行知识总结并提供大量习题以供实战练习,从而达到快速入门和应用的目的。

    本书突出应用主线,循序渐进地介绍绘制电气图的基本知识、常用电气元件图形符号的绘制,讲解绘图与编辑的高级技巧、文本与表格的标注以及图形的输出,最后完整讲述电动机控制电路图、机械电气设备控制电路图、电工电子电路图三种典型的电气图的设计绘制方法。

    本书适合电气设计和生产企业的工程师阅读,也可以作为 AutoCAD 培训机构的培训教材、AutoCAD 爱好者的自学教材以及大中专院校相关专业学生学习 AutoCAD 的教材。

图书在版编目(CIP)数据

AutoCAD 电气应用与实训教程/郑彬编著. —北京:清华大学出版社,2016(2024.1重印)
(CAD/CAM/CAE 工程应用与实践丛书)
ISBN 978-7-302-44579-1

Ⅰ. ①A… Ⅱ. ①郑… Ⅲ. ①电气制图－AutoCAD 软件－教材 Ⅳ. ①TM02-39

中国版本图书馆 CIP 数据核字(2016)第 175061 号

责任编辑:刘 星 赵晓宁
封面设计:刘 健
责任校对:梁 毅
责任印制:沈 露

出版发行:清华大学出版社
      网 址:https://www.tup.com.cn,https://www.wqxuetang.com
      地 址:北京清华大学学研大厦 A 座 邮 编:100084
      社 总 机:010-83470000 邮 购:010-62786544
      投稿与读者服务:010-62776969,c-service@tup.tsinghua.edu.cn
      质量反馈:010-62772015,zhiliang@tup.tsinghua.edu.cn
      课件下载:https://www.tup.com.cn,010-83470236
印 装 者:三河市铭诚印务有限公司
经 销:全国新华书店
开 本:185mm×260mm 印 张:17.5 字 数:428 千字
版 次:2016 年 11 月第 1 版 印 次:2024 年 1 月第 7 次印刷
印 数:4801～5300
定 价:39.00 元

产品编号:069619-01

前　言

　　AutoCAD 是 AutoDesk 公司开发的通用计算机辅助设计（CAD）软件包。Auto CAD 自 1982 年推出至今，以功能强大、易学易用和技术创新的三大特点，成为领先、主流的二维 CAD 解决方案。AutoCAD 软件已成为广大工程技术人员的必备工具，电气设计是其重要的应用领域。

　　本书立足于 AutoCAD 的基础知识，结合大量与电气绘图密切相关的实例操作，深入浅出地讲解各种电气图绘制的理论与方法，以及目前流行的各种电气元件图和各种工程电气图。本书既注重基础知识的讲解，又突出各类电气图的绘制方法和技巧。

　　本书具有以下特点：

　　（1）更符合应用类软件的学习规律。本书采用"案例引入→总结及拓展→随堂练习"的固定教学结构。这种固定教学结构，完全符合人们认识事物的一般规律，即"特殊性→普遍性→特殊性"规律。

- 案例引入：根据教学进度和教学要求，精选与电气设计和软件操作相关的案例，分析案例操作中可能出现的问题，在步骤点评中加以强化分析和拓展。同时，根据案例学习使学生掌握学习、研究的方法，培养学生自主学习的能力。

- 总结及拓展：教材中所提供的案例虽然典型，但是有一定的局限性，有时无法涵盖各种不同地区、不同学习情况下的不同要求，通过拓展可以使案例教学更生动，内容更丰富，而且更深入，更有说服力。

- 随堂练习：本书各章后面的习题不仅起到巩固所学知识和实战演练的作用，还对深入学习 AutoCAD 有引导和启发作用。

　　（2）更符合操作类图书的阅读习惯。本书采用了非常清晰的层次结构，并且所有的操作步骤都采用"短句、多行"的形式。

　　（3）为方便用户学习，本书提供了大量的素材和操作视频。

　　本书为方便学习、巩固，给出了大量实例的素材，可以让不同层次人员学习和使用。可以根据需要安排不同的练习内容，在第 9 章提供了 7 个实训题，讲述绘制过程，可以让学生自己体会各种电气元件图和各种工程电气图的绘制，掌握各种电气知识；而在第 10 章提供了 10 套完整的电路设计图，可以让读者熟练绘制图形，并且可以熟悉零件电气元件图和各种工程电气图的表达方法。

Foreword

　　本书在写作过程中，充分吸取了 AutoCAD 授课经验，同时，与 AutoCAD 学习者展开了良好的交流，充分了解他们在应用 AutoCAD 过程中急需掌握的知识内容，做到理论和实践相结合。

　　本书由郑彬、彭丽英、魏峥和李腾训编写。

　　由于编者水平有限，加上时间仓促，书中仍存在不足之处，恳请各位专家和朋友批评指正。

编　者

2016 年 1 月

目 录

Contents

第1章

AutoCAD 电气设计基础

AutoCAD(Auto Computer Aided Design)是美国 Autodesk 公司,于 1982 年开发的自动计算机辅助设计软件,用于二维绘图、详细绘制、设计文档和基本三维设计,已经成为国际上广为流行的绘图工具。AutoCAD 具有良好的用户界面,通过交互菜单或命令行方式便可以进行各种操作。它的多文档设计环境,让非计算机专业人员也能很快地学会使用。在不断实践的过程中更好地掌握它的各种应用和开发技巧,从而不断提高工作效率。AutoCAD 具有广泛的适应性,可以在各种操作系统支持的微型计算机和工作站上运行。

1.1 启动 AutoCAD

1.1.1 案例介绍及知识要点

绘制一幅 A3 图纸边界的边框图形,如图 1-1 所示,感性地了解 AutoCAD2014 的绘图环境。

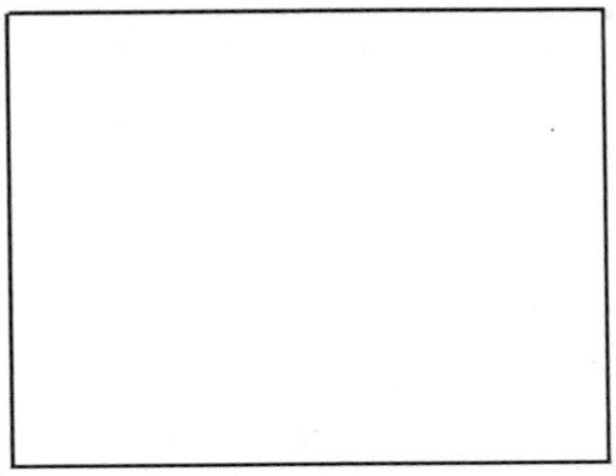

【知识点】

(1) 启动 AutoCAD 的方法。

(2) 用户界面。

(3) 文件操作的方法。

图 1-1　A3 边框

1.1.2 操作步骤

步骤一:启动 AutoCAD

选择"开始"|"程序"|AutoDesk|AutoCAD2014- Simple Chinese|AutoCAD2014 命令,或单击桌面快捷方式 ▲ ,启动 AutoCAD。

步骤二:新建文件

(1) 选择"文件"|"新建"命令,出现"选择样板"对话框,在样板列表框中选定 acadiso .dwt,如图 1-2 所示,单击"打开"按钮。

(2) 系统打开"草图与注释"的绘图界面,界面如图 1-3 所示。

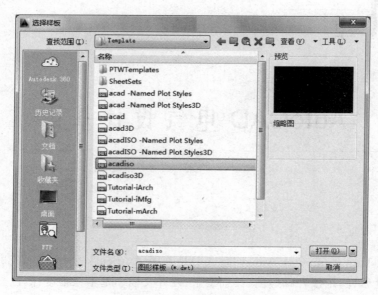

图 1-2 "选择样板"对话框

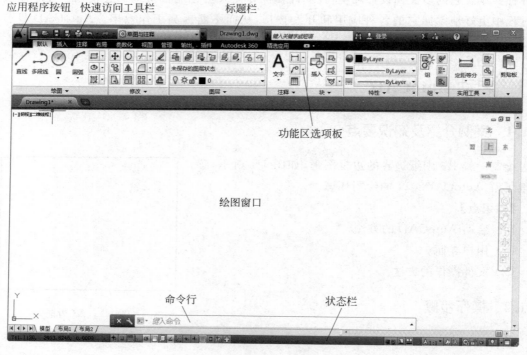

图 1-3 "草图与注释"绘图界面

（3）单击状态栏上的"切换工作空间"按钮 ⚙，在弹出的菜单中选择"AutoCAD 经典"，绘图界面如图 1-4 所示。

提示：AutoCAD 2014 经典界面主要由标题栏、菜单栏、工具栏、状态栏、绘图窗口以及文本窗口等几部分组成。为了便于使用过 AutoCAD 2008 及以下版本的用户学习本书，这里采用 AutoCAD 经典风格的界面介绍。

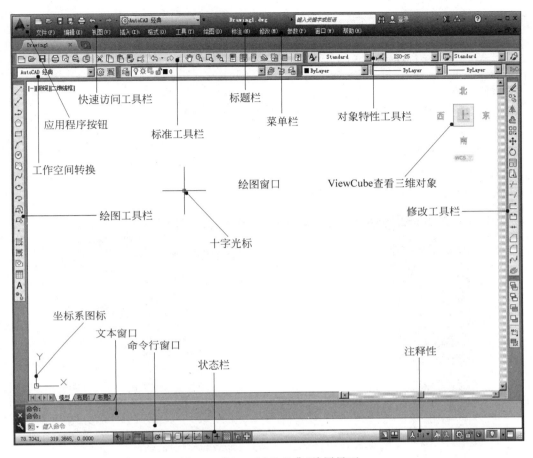

图 1-4　"AutoCAD 经典"绘图界面

步骤三：开始绘图

用矩形命令绘制 A3 边框图。

单击"绘图"工具栏上的"矩形"按钮 ▭。

① 利用键盘输入"0,0"，按 Enter 键确定第一点。

② 输入"420,297"，按 Enter 键确定第二点，如图 1-5 所示。

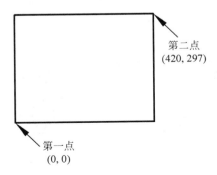

图 1-5　用矩形命令绘制边框

命令行窗口提示：

```
命令: _rectang
指定第一个角点或[倒角(C)/标高(E)/圆角(F)/厚度(T)/宽度(W)]: 0,0
指定另一个角点或[面积(A)/尺寸(D)/旋转(R)]: 420,297
```

步骤四：保存

单击"标准"工具栏上的"保存"按钮 🖫，出现"图形另存为"对话框。

① 从"保存于"列表中选择要存放文件的文件夹。

② 从"文件类型"列表选择版本类型。

③ 在"文件名"文本框输入"A3 边框"。

如图 1-6 所示，单击"保存"按钮，完成第一幅 AutoCAD 图形绘制。

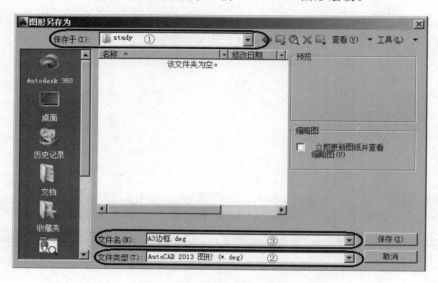

图 1-6　"图形另存为"对话框

1.1.3　总结及拓展——文件操作

1. 新建文件

单击"标准"工具栏上的"新建"按钮 □ 执行新建命令，出现"选择样板"对话框，在样板列表框中选定样板，新建文件，如图 1-2 所示。

2. 保存文件

单击"标准"工具栏上的"保存"按钮 🖫，出现"图形另存为"对话框，在"保存于"列表中选择保存文件夹，在"文件类型"列表中可以选择保存文件的类型，在"文件名"文本框输入图形文件名，如图 1-5 所示，单击"保存"按钮，完成 AutoCAD 图形绘制。

提示：AutoCAD 可以在文件类型中选择低版本类型，将高版本的文件保存为低版本的文件。

3. 打开文件

单击"标准"工具栏上的"打开"按钮 ☑ 执行打开命令，出现"选择文件"对话框，在对话框中输入文件名，或在列表中选择文件，如图 1-7 所示。单击"打开"按钮，即可打开图形文件。

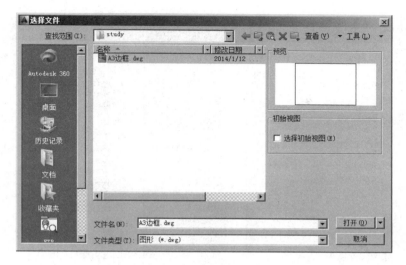

图 1-7　"选择文件"对话框

提示：要打开多个文件，可按住 Ctrl 键，分别单击选择需要打开的文件。

1.1.4　随堂练习

1．观察标题栏

标题栏与其他 Windows 应用程序类似，包括控制图标以及窗口的最大化、最小化和关闭按钮，并显示应用程序名和当前图形的名称。

2．观察菜单栏

菜单是调用命令的一种方式。菜单栏以级联的层次结构来组织各个菜单项，并以下拉的形式逐级显示，包含了 AutoCAD 大部分操作命令。菜单栏包含 12 个主菜单，单击菜单栏中的任意菜单命令，即可弹出相应的下拉菜单，菜单命令的右侧显示的（如 Ctrl＋X 等）为快捷键，如图 1-8 所示。单击每一项下拉菜单条，会弹出相应的下拉菜单。在下拉菜单中，右侧有小三角的菜单项，表示它还有子菜单。

提示：可以执行"工具"|"选项"命令，打开"选项"对话框，熟悉各个标签的内容，进行简单的设置。

3．调用快捷菜单

AutoCAD 还提供了快捷菜单操作，右击弹出快捷菜单，快捷菜单的选项因单击时的状态不同而变化，如图 1-9 所示。一个是无选择对象的快捷菜单；另一个是单击选择的对象后再右击弹出的快捷菜单。可利用快捷菜单，快速执行各种命令。

4．熟悉工具栏

工具栏是调用命令的另一种方式，通过工具栏可以直观、快捷地访问常用的命令。它包含了执行 AutoCAD 命令的常用工具，AutoCAD 中有很多工具栏，常用的操作可以利用工具栏中的命令按钮来完成，如图 1-10 所示。

工具栏有多个项目，其调用方式是将鼠标放置在工具栏任意按钮上，右击，在弹出的快捷菜单中选择需要的工具栏。工具栏采用浮动的方式放置，可以根据需要将其放置在界面的任何位置。

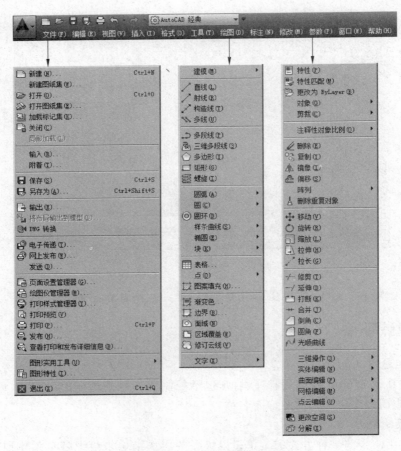

图 1-8　下拉式菜单

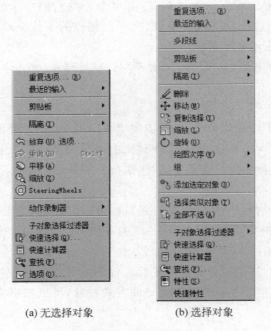

(a) 无选择对象　　　　(b) 选择对象

图 1-9　快捷菜单

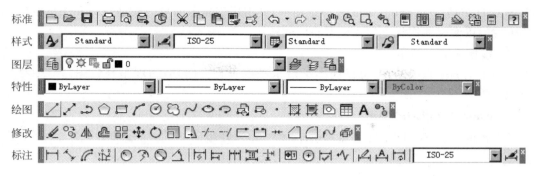

图 1-10 常用工具条

5. 了解绘图窗口

绘图窗口与手工绘图时的图纸类似，是 AutoCAD 中显示、绘制图形的主要场所。在 AutoCAD 中创建新图形文件或打开已有的图形文件时，都会出现相应的绘图窗口来显示和编辑其内容。

绘图窗口区域没有边界，可以使绘图窗口无限增大或缩小，无论多大的图形都可以在绘图窗口中绘制，因此用 AutoCAD 绘制图形通常按照 1：1 的比例绘制。

6. 熟悉光标

当光标位于 AutoCAD 的绘图窗口时为十字形状，所以又称其为十字光标。十字线的交点为光标的当前位置。AutoCAD 的光标用于绘图、选择对象等操作。

光标根据不同的操作状态，显示不同的形状。

7. 掌握坐标系

坐标系图标通常位于绘图窗口的左下角，表示当前绘图所使用坐标系的形式以及坐标方向等。AutoCAD 提供世界坐标系（World Coordinate System，WCS）和用户坐标系（User Coordinate System，UCS）两种坐标系。世界坐标系为默认坐标系。

8. 观察命令窗口

命令窗口是 AutoCAD 显示用户从键盘输入的命令和显示 AutoCAD 提示信息的地方。默认时，AutoCAD 在命令窗口保留最后三行所执行的命令或提示信息。可通过拖曳窗口边框的方式改变命令窗口的大小，使其显示多于 3 行或少于 3 行的信息。

同时也可以按 F2 键，弹出 AutoCAD 文本窗口显示所有操作信息。

9. 了解状态栏

状态栏用于显示或设置当前的绘图状态。状态栏上位于左侧的一组数字反映当前光标的坐标，其余按钮分别表示当前是否启用绘图空间等信息，如图 1-11 所示。

图 1-11 状态栏

用鼠标左键单击功能按钮，其亮显为打开，灰色为关闭。

10. 了解模型/布局选项卡

模型/布局选项卡用于实现模型空间。此外，绘图窗口的下部还包括 Model（模型）选项卡和 Layout1(布局 1)、Layout2(布局 2)选项卡,分别用于显示图形的模型空间和图纸空间。可以单击它们以实现在图纸空间和模型空间的转换。

11. 掌握滚动条使用

利用水平和垂直滚动条,可以使图纸沿水平或垂直方向移动,即平移绘图窗口中显示的内容。

12. AutoCAD 帮助的使用

单击标准工具栏上的帮助按钮 ⏺ 或按 F1 键,则弹出 AutoCAD 帮助窗口。

1.2 图形的显示控制

1.2.1 案例介绍及知识要点

(1) 缩放视图。

(2) 平移视图。

(3) 图形重画和重生成。

(4) 鸟瞰视图。

【知识点】

(1) 运用工具条的各项命令进行视图操作。

(2) 运用鼠标和快捷键进行视图操作。

1.2.2 操作步骤

步骤一:打开零件

打开建立的"A3 边框"文件。

步骤二:缩放视图

(1) 使用鼠标缩放视图。

将光标放在绘图窗口某一位置,向前或向后旋转鼠标中间滚轮,则图形以光标所在的位置为中心进行缩放。

(2) 使用缩放模式缩放视图。

- 单击"标准"工具栏上的"实时缩放"按钮 ⏺,鼠标指针将变为 ⏺,按住鼠标左键,向上拖曳鼠标,图形放大;向下拖曳鼠标,图形变小。
- 单击"标准"工具栏上的"窗口缩放"按钮 ⏺,用十字光标在要放大的范围画出一个矩形,则矩形区域内的图形将完全显示在绘图窗口,完成窗口缩放的操作。

(3) 使用键盘缩放视图。

用键盘输入 z 后按 Enter 键,继续输入 a 后按 Enter 键,将显示全部图纸大小和绘制的图形,包括绘制在图纸界限外的。

步骤三:平移视图

(1) 使用鼠标平移视图。

按住鼠标中键,鼠标指针将变为 ⏺ ,在绘图窗口移动鼠标,则图形随光标一同移动,可将图形平移到屏幕不同的位置;松开中键,平移就停止。

（2）使用缩放模式平移视图。

单击"标准"工具栏上的"实时平移"按钮 ⟨🖐⟩，鼠标指针将变为 ⟨✋⟩，在绘图窗口按住鼠标左键拖曳鼠标，则图形随光标一同移动，可将图形平移到屏幕不同的位置；松开左键，平移就停止。

（3）使用键盘平移视图。

输入 pan 后按 Enter 键或空格键，鼠标指针将变为 ⟨✋⟩，在绘图窗口按住鼠标左键拖曳鼠标，则图形随光标一同移动，可将图形平移到屏幕不同的位置；松开左键，平移就停止。

步骤四：图形重画和重生成

（1）图形重画。

在执行操作编辑过程中，会在绘图窗口留下一些加号形状的标记（称为点标记）和杂散像素，可以使用重画命令删除这些标记。

- 选择"视图"|"重画"命令。
- 输入 redraw 后按 Enter 键或空格键。

（2）重生成图形。

对于一些圆弧，放大后会出现一些偏差，可能会变成多边形，可以使用重生成命令，在当前视口中重生成整个图形并重新计算所有对象的屏幕坐标，从而优化显示对象的性能。

- 选择"视图"|"重生成"命令或"全部重生成"命令。
- 输入 regen 或 regenall 后按 Enter 键或空格键。

步骤五：鸟瞰视图

在大型图形中，鸟瞰视图可以在显示全部图形的窗口中快速平移和缩放图形。

- 选择"视图"|"鸟瞰视图"命令。
- 输入 dsviewer 或 av 后按 Enter 键或空格键。

1.2.3　总结及拓展——视图显示

在绘图窗口中，可以通过移动图形来变换观察位置；也可以放大或缩小图形。图形无论多大都可以在绘图窗口中绘制，AutoCAD 通常按照 1：1 的比例绘制图形。

1.2.4　随堂练习

自己设计一些线性图形，绘制这些图形，并根据需求执行各种缩放方式的操作。

1.3　建立电气图基础样板文件

1.3.1　案例介绍及知识要点

本案例要求完成：

（1）设置绘图界限为 A3（420×297）。

（2）设置图形单位，要求：

① 长度类型为毫米，精度为 0.000。

② 角度类型为十进制度数,精度为 0.0,逆时针方向为正。

(3) 设置图层、线型,要求:

① 层名:中心线;颜色:红;线型:Center;线宽:0.35。

② 层名:虚线;颜色:黄;线型:Hidden;线宽:0.35。

③ 层名:细实线;颜色:蓝;线型:Continuous;线宽:0.35。

④ 层名:粗实线;颜色:白;线型:Continuous;线宽:0.70。

(4) 绘制边框及标题栏,如图 1-12 所示。

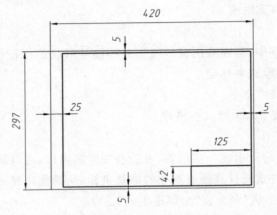

图 1-12　A3 图框格式及标题栏

(5) 修改非连续线的外观,即改变线型的全局比例因子为 0.5。

(6) 打开栅格和捕捉模式。

设置栅格间距和捕捉间距为 2.5。

【知识点】

(1) 图形边界的设置方法。

(2) 单位的设置方法。

(3) 图层的设置方法。

(4) "矩形"命令。

1.3.2　操作步骤

步骤一:新建文件

新建绘图文件。

步骤二:设置图纸幅面

(1) 选择"格式"|"图形界限"命令,观察命令行显示,用键盘输入"0,0"(注意输入法为键盘状态),按 Enter 键,继续输入"420,297"后按 Enter 键完成设置。

命令行窗口提示:

```
命令:'_limits
重新设置模型空间界限:
指定左下角点或 [开(ON)/关(OFF)] < 0.0000,0.0000 >: 0,0
指定右上角点 < 12.0000,9.0000 >: 420,297
```

（2）用键盘输入字母 Z 后按 Enter 键，继续输入 A 后按 Enter 键。

命令行窗口提示：

```
命令：Z
ZOOM
指定窗口的角点，输入比例因子 (nX 或 nXP)，或者
[全部(A)/中心(C)/动态(D)/范围(E)/上一个(P)/比例(S)/窗口(W)/对象(O)] <实时>：A
正在重生成模型。
```

步骤三：设置单位

选择"格式"|"单位"命令，出现"图形单位"对话框，如图 1-13 所示。

① 在"长度"组中，"类型"列表选择"小数"选项，"精度"列表选择 0.000 选项。

② 在"角度"组中，"类型"列表选择"十进制度数"选项，"精度"列表选择 0.0 选项。

③ 系统默认逆时针方向为正。

④ 在"插入比例"组中，"用于缩放插入内容的单位"选择"毫米"选项。

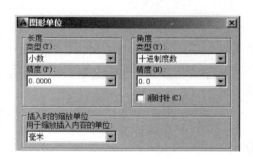

图 1-13　"图形单位"对话框

步骤四：设置图层

选择"格式"|"图层"命令，出现"图层特性管理器"对话框。

（1）设置层名。

单击"新建图层"按钮 📑，在建立的新图层名称处输入"中心线"，如图 1-14 所示。

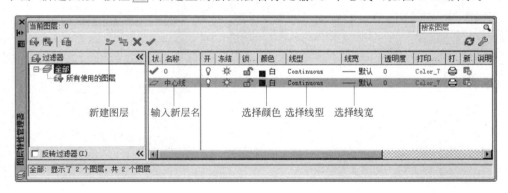

图 1-14　设置图层名

提示：单击"图层"工具栏上的"图层特性管理器"按钮 📑，或在命令行输入 layer 后按 Enter 键，也可以打开"图层特性管理器"对话框

（2）设置图层颜色。

单击中心线图层"颜色"标签下的颜色色块，打开"选择颜色"对话框，选择红颜色，如图 1-15 所示，单击"确定"按钮。

（3）设置线型。

① 单击中心线图层"线型"标签下的线型选项，打开"选择线型"对话框，如图 1-16 所示，单击"加载"按钮。

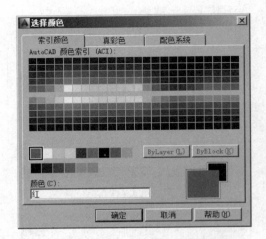

图 1-15　设置图层颜色

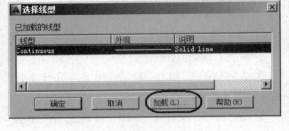

图 1-16　设置图层线型

② 出现"加载或重载线型"对话框，选择 CENTER 线型，如图 1-17 所示，单击"确定"按钮。

③ 返回"选择线型"对话框，选择 CENTER 线型，单击"确定"按钮，完成线型设置。

（4）设置线宽。

单击中心线图层"线宽"标签下的线宽选项，打开"线宽"对话框，"线宽"选择 0.35mm，如图 1-18 所示，单击"确定"按钮，完成线宽设置。

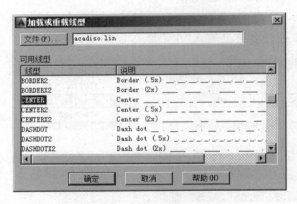

图 1-17　加载或重载线型

图 1-18　设置图层线宽

（5）设置其他层。

按同样方法设置其他层，完成其他图层设置。

步骤五：绘制边界、边框和标题栏框

（1）绘制边界。

图 1-19　设置图层

① 设置细实线为当前图层。

从"应用的过滤器"列表选择"细实线"选项，如图 1-19 所示。

② 单击"绘图"工具栏上的"矩形"按钮 □。

• 利用键盘输入"0,0"，按 Enter 键确定第一点。

- 输入"420,297",按 Enter 键确定第二点。

（2）绘制边框。

① 设置粗实线为当前图层。

② 单击"绘图"工具栏上的"矩形"按钮 ⬜。

- 利用键盘输入"25,5",按 Enter 键确定第一点。
- 输入"415,292",按 Enter 键确定第二点。

（3）绘制标题栏框。

① 设置粗实线为当前图层。

② 单击"绘图"工具栏上的"直线"按钮 ✎。

- 利用键盘输入"290,5",按 Enter 键确定第一点。
- 输入"290,47",按 Enter 键确定第二点。
- 输入"415,47",按 Enter 键确定第三点。

步骤六：修改非连续线的线型比例因子

（1）选择"格式"|"线型"命令,出现"线型管理器"对话框。

（2）单击"显示细节"按钮,则该对话框底部出现"详细信息"分组框,如图 1-20 所示。

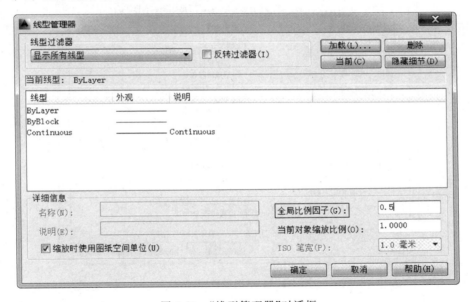

图 1-20　"线型管理器"对话框

（3）在"全局比例因子"文本框中输入 0.5。

步骤七：打开栅格和捕捉模式

（1）单击状态栏上的"栅格显示"按钮 ▦,按钮亮显,则处于"栅格显示"模式下,如图 1-21 所示。

提示：使用栅格相当于在图纸下放置一张坐标纸。利用栅格可以对齐对象并直观地显示对象之间的距离。栅格只在屏幕上显示,不能打印输出。

（2）单击状态栏上的"捕捉模式"按钮 ▦,按钮亮显,则处于打开"捕捉模式"下。

提示：当捕捉模式打开后,十字光标将会锁定到不可见的栅格点上,有助于用户用十字光标来精确定位点。

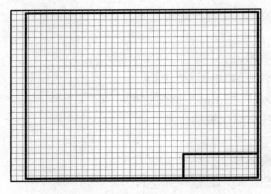

图 1-21   "栅格"显示模式

步骤八：设置栅格和捕捉间距

（1）选择"工具"|"绘图设置"命令，或右击状态栏上的"栅格显示"按钮▦或"捕捉模式"按钮▦，出现"草图设置"对话框，如图 1-22 所示。

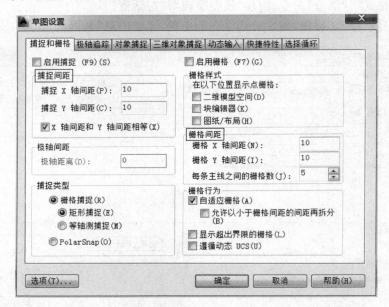

图 1-22   "草图设置"对话框

（2）在"捕捉 X 轴间距"文本框中输入 2.5，单击"捕捉 Y 轴间距"文本框。

（3）在"栅格 X 轴间距"文本框中输入 2.5，单击"栅格 Y 轴间距"文本框。

步骤九：保存为样板文件

单击"保存"按钮，选择保存文件类型为"AutoCAD 图形样板（＊.dwt）"，保存文件名为A3 的样板文件。

1.3.3   步骤点评

1. 对于步骤五：矩形命令

（1）启动矩形命令的方式。

• 菜单命令："绘图（D）"|"矩形（G）"。

- "绘图"工具栏："矩形"按钮 ▭。
- 命令行输入 rectang 或 rec。

（2）执行矩形命令的步骤。

① 执行命令。

② 指定矩形的一个角点。

③ 指定矩形的对角点（可以采用相对坐标确定）。

（3）关于矩形命令的说明。

矩形是最常用的几何图形，步骤五是通过指定矩形的两个对角点来创建矩形。在"矩形"命令的选项中，也可以使用"尺寸（D）"，通过指定长度和宽度来创建矩形。默认情况下，绘制矩形的边与当前 UCS 的 X 轴或 Y 轴平行，也可以绘制与 X 轴成一定角度的矩形。

（4）绘制倒角矩形。

倒角矩形是指将矩形的角切去后形成的图形，绘制步骤如下。

① 单击"绘图"工具栏上的"矩形"按钮 ▭，输入 C，按 Enter 键。

② 输入第 1 个倒角距离 5，按 Enter 键。

③ 输入第 2 个倒角距离 5，按 Enter 键。

④ 指定矩形的两个角点，如图 1-23(a)所示。

（5）绘制圆角矩形。

绘制圆角矩形的步骤如下。

① 单击"绘图"工具栏上的"矩形"按钮 ▭，输入 F，按 Enter 键。

② 输入圆角半径 5，按 Enter 键。

③ 指定矩形的两个角点，如图 1-23(b)所示。

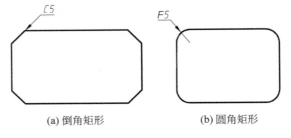

(a) 倒角矩形　　　(b) 圆角矩形

图 1-23　绘制特殊矩形

2. 对于步骤九：关于绘图样板文件

创建样板文件的主要目的如下：

把每次绘图进行的各种重复性工作并以样板文件的形式保存，下一次绘图时，可直接使用样板文件的这些内容。这样，可避免重复劳动，提高绘图效率，同时保证了各种图形文件使用标准的一致性。

样板文件的内容通常包括图形界限、图形单位、图层、线型、线宽、文字样式、标注样式、表格样式和布局等设置以及绘制图框及标题栏。

提示：本节完成了图形界限、图形单位、图层、线型、线宽设置。

样板文件的扩展名为 dwt。

1.3.4　总结及拓展——电气工程图制图标准

电气图是一种特殊的专业技术图,除了必须遵守《电气技术用文件的编制》(GB 6988)、《电气简图用图形符号》(GB 4728)、《电气技术中的项目代号》(GB 5094—1985)等标准外,还要严格遵照执行机械制图、建筑制图等方面的有关规定。由于相关标准或规则很多,这里简单地介绍与电气图制图相关的规则和标准。

1. 图纸格式与幅面尺寸

国标对图纸的幅面大小作出了严格规定,应采用国标规定的图纸基本幅面尺寸,其基本幅面代号有 A0、A1、A2、A3、A4 五种,具体尺寸如表 1-1 所示。

表 1-1　图纸幅面及图框格式尺寸　　　　　　　　单位:mm

幅面代号	幅面尺寸	周边尺寸		
	$B \times L$	a	c	e
A0	841×1189	25	10	20
A1	594×841			
A2	420×594			
A3	297×420		5	10
A4	210×297			

除此之外,还可以根据需要对 A3、A4 号图纸加长,加长幅面尺寸如表 1-2 所示。当表 1-1 和表 1-2 中的幅面系列还不能满足需要时,则可按 GB 4457.1 的规定,选用其他加长幅面的图纸。

表 1-2　加长幅面尺寸　　　　　　　　单位:mm

序　号	代　号	尺　寸
1	A3×3	420×891
2	A3×4	420×1189
3	A4×3	297×630
4	A4×4	297×841
5	A4×5	297×1051

2. 图框

图纸上限定绘图区域的线框称为图框;图框在图纸上必须用粗实线画出,图样绘制在图框内部,其格式分为不留装订边和留装订边两种,如图 1-24 所示。

3. 标题栏

标题栏用来确定图样名称、图号、张次、更改和有关人员签名等内容。无论是在竖放还是横放的图纸中,标题栏都位于图框的右下角,目前我国还没有对标题栏的格式做出统一的规定,每个设计部门的标题栏格式不尽相同。通常的标题栏都包含设计单位名称、项目名称、图名、图号等内容,如图 1-25 所示。

4. 图线及画法

电气图中的各种线条统称为图线。根据国家标准《CAD 工程制图规则》有关规定,推荐图层设置如表 1-3 所示。

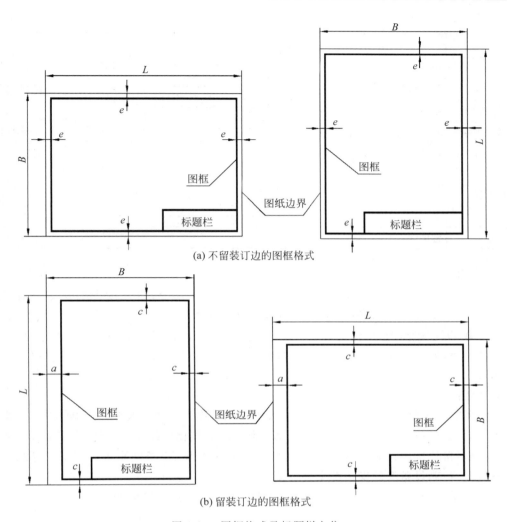

(a) 不留装订边的图框格式

(b) 留装订边的图框格式

图 1-24 图框格式及标题栏方位

设计单位名称		工程名称			
		项目名称			
制图		图名		比例	
设计				图别	
专业负责人				图号	
审核				日期	

图 1-25 标题栏参考格式

表 1-3 图层推荐的基本设置

图层名	作　用	样　式	线　型	颜色
01 粗实线	粗实线	———	Continuous	白(黑)色
02 细实线	细实线	———	Continuous	绿色
	波浪线	∼∼∼		
	双折线	∿∿		

续表

图层名	作　用	样　式	线　型	颜色
04 虚线	虚线	————————	Dashed 或 Hidden	黄色
05 中心线	细点画线	—·—·—·—·—	Center	红色
06 粗点画线	粗点画线	—·—·—·—·—		棕色
07 双点画线	双点画线	—··—··—··—	Phantom	粉红色
08 标注	尺寸线、投影连线、尺寸终端与符号细实线		Continuous	绿色
10 剖面线	剖面符号	//////////		
11 文本	文字(细实线)			
辅助线	辅助线	————————		灰色

5. 字体

图中的文字,如汉字、字母和数字,是图的重要组成部分,也是读图的重要内容。按照 GB/T 14691—1993《技术制图字体》的规定,汉字采用长仿宋体,字母、数字可用直体、斜体;字体的号数,即字体高度(单位为 mm),分为 20、14、10、7、5、3.5 和 2.5 共 7 种,字体的宽度约等于字体高度的 2/3(数字和字母的笔画宽度约为字体高度的 1/10)。因汉字笔画较多,所以不宜用 2.5 号字。

6. 比例

图上所画图形符号的大小与物体实际大小的比值称为比例。大部分的电气线路图都是不按比例绘制的,但位置平面图等则需按比例绘制或部分按比例绘制。这样,在平面图上测出两点距离,就可按比例值计算两者间的实际距离(如线的长度、设备间距等),这对于导线的放线及设备机座、控制设备等的安装都十分方便。

电气图采用的比例一般为 1∶10、1∶20、1∶50、1∶100、1∶200 和 1∶500。

1.3.5　总结及拓展——图层

图层相当于图纸绘图中使用的重叠图纸。绘制图形需要用到各种不同的线型和线宽,为了明显地显示各种不同的线型,可以将图层中不同的颜色赋予不同的线型。将所绘制的对象放在不同的图层上,可提高绘图效率。

1. 图层的基本操作

一幅图中系统对图层数没有限制,对每一图层上的实体数也没有任何限制。每一个图层都应有一个名字加以区别,当开始绘制新图时,AutoCAD 自动生成层名为 0 的图层,这是 AutoCAD 的默认图层,其余图层需要由用户自己定义。

"图层特性管理器"可以进行新建图层、删除图层、命名图层等操作;用来设置图层的特性,允许建立多个图层,但绘图只能在当前层上进行。

2. 图层的状态

在"图层特性管理器"对话框中,可以控制图层特性的状态。例如,图层的打开(关闭)、解冻(冻结)、解锁(锁定)等,这些在图层管理器和图层工具栏都有显示。

（1）打开(关闭)图层 💡（💡）。

当图层打开时,绘制的图形是可见的,并且可以打印。当图层关闭时,绘制的图形是不可见的,且不能打印,即使"打印"选项是打开的状态也不能打印。

（2）解冻(冻结)所有视口图层 ☀（❄）。

可以冻结模型空间和图纸空间所有视口中选定的图层。冻结图层可以加快缩放、平移和许多其他操作的运行速度,便于对象的选择并减少复杂图形的重生成时间。冻结图层上的实体对象在绘图窗口不显示,不能打印,也不参与渲染或重生成对象。解冻冻结图层时,AutoCAD 将重生成并显示冻结图层上的实体对象。可以冻结除当前图层外所有的图层,已冻结的图层不能设为当前层。

（3）解冻(冻结)当前视口图层 🔲（🔲）。

冻结图纸空间当前视口中选定的图层。可以冻结当前层,而不影响其他视口的图层显示。

（4）解锁(锁定)图层 🔓（🔒）。

不能编辑锁定图层中的对象,但是可以查看图层信息。当不需要编辑图层中的对象时,将图层锁定以避免不必要的误操作。

（5）打印(不打印)图层 🖨（🖨）。

确定本图层是否参与打印。

3. 线型设置

绘图时,经常使用不同的线型,如虚线、中心线、细实线、粗实线等。AutoCAD 提供了丰富的线型,用户可根据需要从中选择。

在使用各种线型绘图时,除了 Continuous 线型外,每一种线型都是由实线段、空白段、点或文本、图形所组成。默认的线型比例是 1,以 A3 图纸作为基准,因此在不同的绘图界限下屏幕上显示的结果不一样。当图形界限缩小或放大时,中心线或虚线线型显示的结果几乎成了一条实线,这就必须通过改变线型比例来调整线型的显示结果,参考 1.3.2 节实战练习步骤六。

1.3.6　随堂练习

打开新建的 A3 样板文件,进行如下操作并保存。

（1）创建如表 1-4 所示的图层。

表 1-4　图层及相应参数

名称	颜色	线型	线宽
元件层	白色	Continuous	0.50
线路层	白色	Continuous	0.50
文字说明	红色	Continuous	0.35
尺寸标注	绿色	Continuous	0.35

（2）关闭"中心线"层和"尺寸标注"层。

（3）锁定"细实线"层。

1.4　上机练习

　　建立一个 A4 样板文件,如图 1-26 所示。

　　(1) 设置绘图界限为 A4,长度单位精度小数点后面保留 3 位数字,角度单位精度小数点后面保留 1 位数字。

　　(2) 按照下面要求设置图层、线型。

　　① 层名为中心线;颜色为红;线型为 Center;线宽为 0.25。

　　② 层名为虚线;颜色为蓝;线型为 Hidden;线宽为 0.25。

　　③ 层名为细实线;颜色为绿;线型为 Continuous;线宽为 0.25。

　　④ 层名为粗实线;颜色为白;线型为 Continuous;线宽为 0.50。

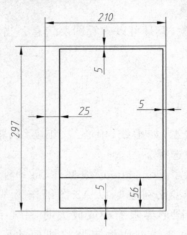

图 1-26　A4 图框格式及标题

第 2 章

精 确 绘 制 二 维 图 形

二维图形是指平面图形。平面图形是由若干线段(直线或圆弧)封闭连接组合而成。各组成线段之间可能彼此相交、相切或等距。要正确、快速地绘制一个平面图形,首先要掌握基本的二维绘图命令,然后运用 AutoCAD 提供的精确绘图工具,定位所绘制图形的位置,从而达到显著提高绘图效率的目的。对于较复杂的平面图形,则必须首先进行尺寸分析和线段分析,然后按适当的方法、步骤画出。

2.1 使用坐标模式绘制图形

2.1.1 案例介绍及知识要点

分别利用各种坐标方式确定点坐标,绘制如图 2-1 所示的图形。

【知识点】

(1) 坐标系概念。

(2) 利用各种坐标定义点的方法。

(3) "直线"命令。

2.1.2 操作步骤

步骤一:新建文件

利用建立的 A3 样板文件新建图形,保存为"坐标模式绘图"。

步骤二:计算坐标点

(1) 利用绝对坐标计算①、②、③点。

(2) 利用相对坐标计算④、⑤、⑥、⑪点。

(3) 利用相对极坐标计算⑦、⑧、⑨、⑩点。

各点的坐标如表 2-1 所示。

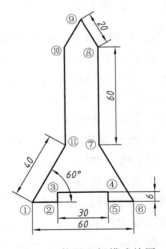

图 2-1　使用坐标模式绘图

表 2-1　各点的坐标

点	坐　标	点	坐　标
①	80,120	⑦	@40＜120
②	95,120	⑧	@60＜90
③	95,126	⑨	@20＜120
④	@30,0	⑩	@20＜240
⑤	@0,−6	⑪	@0,−60
⑥	@15,0	返回原点	C

步骤三：利用坐标确定点绘制图形

选择粗实线图层，执行直线(Line)命令。命令行窗口提示：

```
命令: _line 指定第一点: 80,120
      指定下一点或 [放弃(U)]: 95,120
      指定下一点或 [放弃(U)]: 95,126
      指定下一点或 [闭合(C)/放弃(U)]: @30,0
      指定下一点或 [闭合(C)/放弃(U)]: @0,−6
      指定下一点或 [闭合(C)/放弃(U)]: @15,0
      指定下一点或 [闭合(C)/放弃(U)]: @40＜120
      指定下一点或 [闭合(C)/放弃(U)]: @60＜90
      指定下一点或 [闭合(C)/放弃(U)]: @20＜120
      指定下一点或 [闭合(C)/放弃(U)]: @20＜240
      指定下一点或 [闭合(C)/放弃(U)]: @0,−60
      指定下一点或 [闭合(C)/放弃(U)]:C
```

步骤四：保存文件

选择"文件"|"保存"命令，保存文件。

2.1.3　步骤点评

1. 对于步骤二：关于笛卡儿坐标系

为了在平面中确定一个点，以两条相互垂直的直线为参考，其中水平线称为 X 轴，垂直线称为 Y 轴。两轴的交点称为原点。原点的坐标值为 $X=0$，$Y=0$。在原点右侧 X 坐标值为正，在原点左侧 X 坐标值为负；在原点上方 Y 坐标值为正，在原点下方 Y 坐标值为负，这种确定点的方法称为笛卡儿坐标系。

2. 对于步骤二：关于确定 XY 平面中的点

（1）绝对坐标。

在绝对坐标系中，点是以原点(0,0)为参考点定位的。例如，一个坐标值为 $X=100$、$Y=80$ 的点，在 X 轴上的水平距离为 100，在 Y 轴上的垂直距离为 80，如图 2-2 所示。

在 AutoCAD 中，绝对坐标系用以逗号相隔的 X 坐标和 Y 坐标来确定。

（2）相对坐标。

在相对坐标系中，沿 X 轴与 Y 轴的距离不是相对原点而言的，而是相对于前一点而言的。

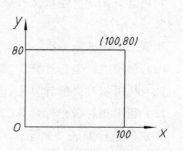

图 2-2　绝对坐标系的输入方式

例如,确定第一点位置为(120,100)后,第二点的绝对坐标为(180,150),相对坐标为(@60,50),如图 2-3 所示。

在 AutoCAD 中,相对坐标是由在输入值之前加@符号来确定的。

(3) 极坐标。

在极坐标系中,一个点的坐标由与当前点距离及当前点连线和 X 轴正向的夹角来确定。

例如,从原点出发,到离原点距离为 120、与 X 轴正向夹角为 30°点的直线,第二点表示为 120<30,如图 2-4 所示。

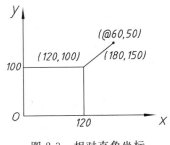

图 2-3 相对直角坐标

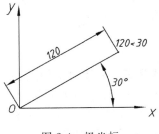

图 2-4 极坐标

在 AutoCAD 中,极坐标是由"极轴<极角"组成的。

3. 对于步骤三:直线命令

(1) 启动直线命令的方式。

- 菜单命令:选择"绘图(D)"|"直线(L)"命令。
- "绘图"工具栏:单击"直线"按钮 ▱。
- 命令行输入:line。

(2) 执行直线命令的步骤。

① 执行直线命令。

② 指定第一点:指定点或按 Enter 键从上一条绘制的直线或圆弧开始绘制。

③ 指定下一点或[闭合(C)/放弃(U)]。

(3) 选项说明。

① 按 Enter 键继续。

自动捕捉最后绘制的直线的最终端点,如图 2-5 所示。

若最后绘制了一条圆弧,它的端点将定义为新直线的起点,并且新直线与该圆弧相切,如图 2-6 所示。

(a) 按Enter键之前   (b) 按Enter键之后

图 2-5 从最近绘制的直线的端点继续绘制直线

(a) 按Enter键之前   (b) 按Enter键之后

图 2-6 从最近绘制的圆弧的端点继续绘制直线

② 闭合。

以第一条线段的起始点作为最后一条线段的端点,形成一个闭合的线段环。在绘制一系列线段(两条或两条以上)之后,可以使用"闭合"选项,如图 2-7 所示。

③ 放弃。

删除直线序列中最近绘制的线段,如图 2-8 所示。

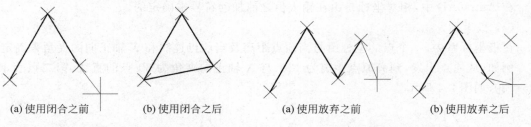

(a) 使用闭合之前　　(b) 使用闭合之后　　(a) 使用放弃之前　　(b) 使用放弃之后

图 2-7　使用"闭合"选项　　　　图 2-8　删除直线序列中最近绘制的线段

提示:多次输入 u 按绘制次序的逆序逐个删除线段。

4. 对于步骤三:直线命令的选项

对于步骤三最后步骤为:利用键盘输入 C 后按 Enter 键完成,对于此操作,AutoCAD 自从 2013 版本开始,将命令行显示的各个选项做成了按钮,因此也可用鼠标单击命令行显示的"闭合(C)"选项来完成此操作。

对于 AutoCAD 命令行中的所有选项,都可使用鼠标单击命令行的选项按钮来完成。

2.1.4　总结及拓展——数据的输入方法

AutoCAD 提供了三种常用的点输入方式:键盘输入坐标值、鼠标指定点和捕捉特殊点。

1. 键盘输入坐标值

确定点的坐标值分为绝对坐标和相对坐标两种形式,可以使用其中的一种给定实体的 X、Y 坐标值。

2. 鼠标指定点

在绘图窗口中,移动光标到某一合适的位置后,单击,即可以确定该点,此方式只能确定点的大概位置。

3. 捕捉特殊点

AutoCAD 提供了对象捕捉、对象追踪等命令方式,可以精确定位点在绘图窗口与已有的图线具有各种关系的位置。

2.1.5　随堂练习

采用坐标模式绘制下面图形,如图 2-9 所示。

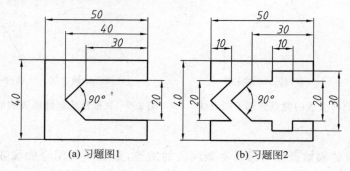

(a) 习题图1　　　　(b) 习题图2

图 2-9　坐标图形练习

2.2　使用对象捕捉模式绘制图形

2.2.1　案例介绍及知识要点

利用对象捕捉模式精确绘制图形,绘制的图形如图 2-10 所示。

【知识点】

(1) 对象捕捉的使用方法。

(2) 自动捕捉的设置方法。

(3)"圆"命令。

2.2.2　操作步骤

步骤一:新建文件

利用建立的 A3 样板文件新建图形,保存为"对象捕捉模式绘图"。

步骤二:绘制外框

绘制如图 2-11 所示的外框。

(1) 选择粗实线图层,执行直线命令,在合适位置单击确定 A 点位置。

(2) 采用"正交"模式绘图,单击状态栏上的"正交"按钮 ，使其亮显,打开"正交"模式。

① 向上移动光标,如图 2-12 所示,输入 60,按 Enter 键。

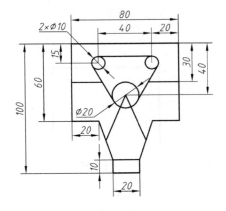

图 2-10　使用对象捕捉模式绘图

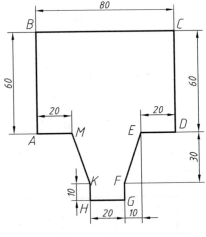

图 2-11　绘制外框

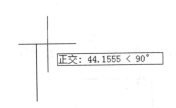

图 2-12　绘制 AB

② 向右移动光标,如图 2-13 所示,输入 80,按 Enter 键。

③ 向下移动光标,如图 2-14 所示,输入 60,按 Enter 键。

④ 向左移动光标,如图 2-15 所示,输入 20,按 Enter 键结束,如图 2-16 所示。

(3) 采用"坐标"模式绘图。

从键盘输入"@−10,−30",如图 2-17 所示,按 Enter 键。

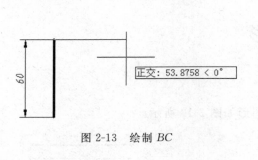

图 2-13　绘制 *BC*

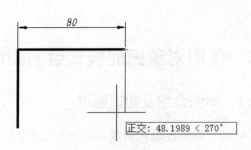

图 2-14　绘制 *CD*

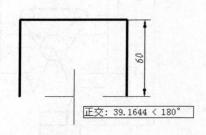

图 2-15　绘制 *DE*

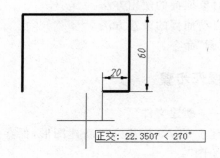

图 2-16　绘制 *EF*

（4）采用"正交"模式绘图。

① 向下移动光标，如图 2-18 所示，输入 10，按 Enter 键。

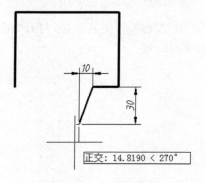

图 2-17　绘制 *FG*

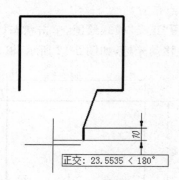

图 2-18　绘制 *GH*

② 向左移动光标，如图 2-19 所示，输入 20，按 Enter 键。

③ 向上移动光标，如图 2-20 所示，输入 10，按 Enter 键。

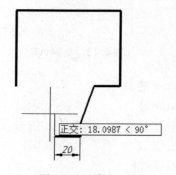

图 2-19　绘制 *HM*

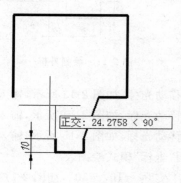

图 2-20　绘制 *MN*

(5) 封闭外框图形。

键盘输入 C,按 Enter 键闭合,完成外框绘制。

步骤三:绘制连线

绘制外框下面连线 *FK*,如图 2-21 所示。

(1) 单击状态栏上的"对象捕捉"按钮▣,使其亮显,打开"对象捕捉"模式。

(2) 按 Enter 键,重复直线命令,采用"捕捉"模式精确绘图。

① 将光标放在点 *F* 附近,则自动出现小正方形▯,如图 2-22 所示,单击鼠标后捕捉 *F* 点。

② 同样方式捕捉 *K* 点,单击鼠标后,完成 *FK* 两点连接,按 Enter 键完成直线绘制。

步骤四:绘制左上角和右上角的圆

(1) 单击"绘图"工具栏上的"圆"命令按钮◉,执行圆命令。

① 按住 Ctrl 键在绘图窗口右击,在弹出的快捷菜单中选择"自"▯ 自(F),如图 2-23 所示。

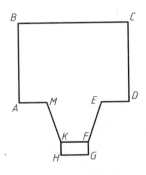

图 2-21　绘制 FK

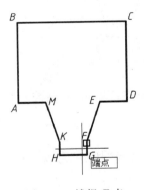

图 2-22　捕捉 *F* 点

图 2-23　捕捉快捷菜单

② 靠近 *B* 点出现捕捉端点小正方形▯后单击,如图 2-24 所示,从键盘输入"@20,−15",按 Enter 键。

③ 从键盘输入圆半径 5,如图 2-25 所示,按 Enter 键完成圆的绘制。

(2) 同样方法绘制右上角的圆,其 from 基点为 *C* 点,偏移为(@−20,−15),半径为 5。

步骤五:绘制直径为 20 的圆

(1) 设置对象捕捉。

右击"对象捕捉"按钮▣,在弹出的快捷菜单中,选择"中点"选项,如图 2-26 所示。

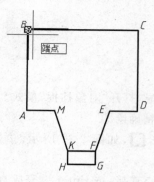

图 2-24　捕捉基点

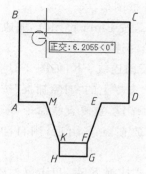

图 2-25　输入半径 5

（2）单击"绘图"工具栏上的"圆"命令按钮 ⊙，执行圆命令。

① 光标靠近最上面直线的中点，在显示中点标记三角形 △ 时，竖直向下移动光标，如图 2-27 所示，从键盘输入距离 40，按 Enter 键，确定圆心。

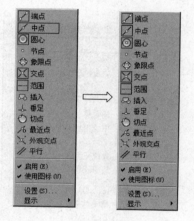

图 2-26　选择"中点"捕捉方式

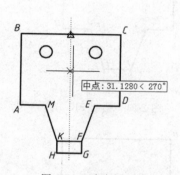

图 2-27　确定圆心

② 从键盘输入圆半径 10，如图 2-28 所示，按 Enter 键完成直径为 20 圆的绘制。

步骤六：绘制切线

（1）执行直线命令。

① 按住 Ctrl 键在绘图窗口右击，从弹出的快捷菜单中选择"切点" ⊙ 切点(G)，光标放在左上角 φ10 圆的上方，在出现捕捉切点标记 ⊙ 后单击，如图 2-29 所示。

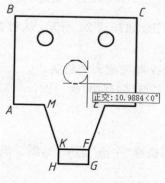

图 2-28　输入半径 10

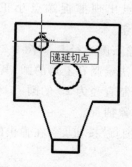

图 2-29　确定第 1 个切点

② 再次按住 Ctrl 键在绘图窗口右击，从弹出的快捷菜单中选择"切点" ○ 切点(G)，光标放在右上角 φ10 圆的上方，在出现捕捉切点标记 ⊙ 后单击，如图 2-30 所示，按 Enter 键，完成水平切线绘制。

（2）同样方法，绘制左侧切线，如图 2-31 所示。

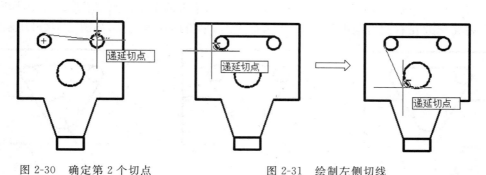

图 2-30　确定第 2 个切点　　　　　图 2-31　绘制左侧切线

（3）同样方法绘制右侧切线，如图 2-32 所示。

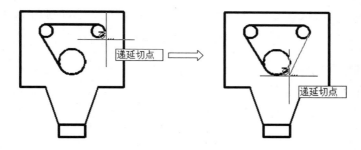

图 2-32　绘制右侧切线

步骤七：绘制中间线

（1）单击状态栏上的"极轴追踪"按钮 ⊙，使其亮显，打开"极轴追踪"模式，自动关闭"正交"模式。

（2）执行直线命令。

① 将光标放在 A 点处，出现端点标记 □ 时，竖直向下移动光标，如图 2-33（a）所示。

② 输入 30，按 Enter 键，确定直线起点 N。

③ 水平向右移动光标，在与圆的左侧切线相交处，出现交点标记 ✕，单击确定终点，如图 2-33（b）所示。

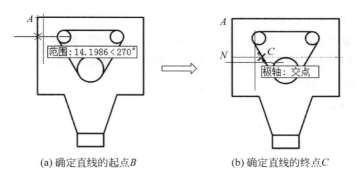

(a) 确定直线的起点B　　　　　(b) 确定直线的终点C

图 2-33　绘制中间直线

（3）同样方法绘制右侧中间直线。

步骤八：绘制斜线

执行直线命令。

① 将光标放在左侧斜线中间，出现中点标记△，单击确定直线起点，如图 2-34（a）所示。

② 将光标放在直径为 20 圆上，出现圆心标记○，单击确定第二点，如图 2-34（b）所示。

③ 将光标放在右侧斜线中间，出现中点标记△，单击确定第三点，如图 2-34（c）所示。

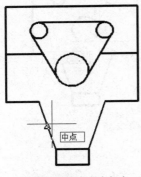 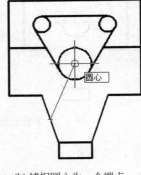 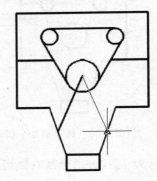

(a) 捕捉直线中点为起点　　　(b) 捕捉圆心为一个端点　　　(c) 捕捉直线中点为另一个端点

图 2-34　绘制斜线

④ 按 Enter 键完成绘制。

步骤九：保存文件

选择"文件"|"保存"命令，保存文件。

2.2.3　步骤点评

1. 对于步骤二：关于"正交"模式

创建或移动对象时，使用"正交"模式将光标限制在水平或垂直轴上。移动光标时，不管水平轴或垂直轴，光标离哪个轴最近，拖引线将沿着该轴移动。

2. 对于步骤三：关于"对象捕捉"模式

如果"对象捕捉"按钮 ☐ 亮显，则"对象捕捉"模式被打开，光标会自动锁定选定的捕捉位置。

设置自动对象捕捉模式时，不要选中太多的对象捕捉模式，否则会因显示的捕捉点太多而降低绘图的操作性。

3. 对于步骤四：关于临时替代捕捉模式

可以打开"对象步骤"工具栏，也可按住 Shift 键或 Ctrl 键，并在绘图窗口右击，打开对象捕捉快捷菜单，选择对象捕捉方式，执行临时替代捕捉，一次选择只能使用一次。

4. 对于步骤四：圆命令

（1）圆命令的方式：

- 菜单命令：选择"绘图（D）"|"圆（C）"命令。
- "绘图"工具栏：单击"圆"按钮 ⊙ 。
- 命令行输入：circle。

（2）圆命令的步骤。

① 执行圆命令。

② 指定圆的圆心或［三点(3P)/两点(2P)/相切、相切、半径(T)］：指定点或输入选项。

（3）选项说明。

① 确定圆心，定义圆的半径。

半径可输入值，或指定点，此点与圆心的距离决定圆的半径，如图 2-35(a)所示。

② 确定圆心，输入 d 定义圆的直径。

直径可输入值，或指定点，此点与圆心的距离决定圆的直径，如图 2-35(b)所示。

③ 三点(3P)。

指定圆上的第一个点——指定点 1、指定圆上的第二个点——指定点 2 和指定圆上的第三个点——指定点 3，如图 2-35(c)所示。

④ 两点(2P)。

指定圆的直径的第一个端点——指定点 1 和指定圆的直径的第二个端点——指定点 2，如图 2-35(d)所示。

⑤ 相切、相切、半径(T)。

指定对象与圆的第一个切点——选择圆、圆弧或直线，指定对象与圆的第二个切点——选择圆、圆弧或直线和指定圆的半径，如图 2-35(e)所示。

⑥ 相切、相切、相切。

指定对象与圆的第一个切点——选择圆、圆弧或直线，指定对象与圆的第二个切点——选择圆、圆弧或直线，指定对象与圆的第三个切点——选择圆、圆弧或直线定圆的半径，如图 2-35(f)所示。

(a) 半径　　(b) 直径　　(c) 三点(3P)　　(d) 两点(2P)　　(e) 相切、相切、半径　　(f) 相切、相切、相切

图 2-35　绘制圆

5. 对于步骤七：关于极轴追踪模式

使用极轴追踪，光标将按指定角度进行移动。

2.2.4　总结及拓展——AutoCAD 对象捕捉方式

对象捕捉是 AutoCAD 最有用的特性之一。例如，需要在一条直线的中点放置一个点，使用中点对象捕捉，则只需将光标移动指向该对象，该中点上（捕捉点）则出现一个标志，单击该标记处即可确定点的位置。

在 AutoCAD 中，对象捕捉模式分为临时替代捕捉模式和自动捕捉模式。

提示：捕捉点是在执行命令过程中，需要确定点的位置时，才可执行捕捉。

AutoCAD 对象捕捉方式有"端点"、"中点"、"交点"、"外观交点"、"延长线"、"圆心"、"象限点"、"切点"、"垂足"、"平行线"、"插入点"、"节点"、"最

近点"🖋、"临时追踪点"🖰、"自"🖱。

（1）"端点"🖋：在执行命令需要确定点时,执行该命令,可以捕捉离光标最近线段的一个端点,显示小正方形□标记,如图 2-36 所示。

（2）"中点"🖋：在执行命令需要确定点时,执行该命令,可以捕捉离光标最近线段的中点,显示三角形△标记,如图 2-37 所示。

（3）"交点"🖂：在执行命令需要确定点时,执行该命令,可以捕捉离光标最近两线段的交点,显示相交直线×标记,如图 2-38 所示。

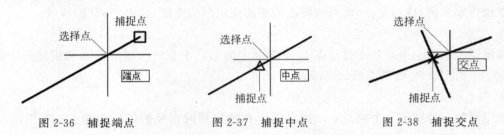

图 2-36　捕捉端点　　　　图 2-37　捕捉中点　　　　图 2-38　捕捉交点

（4）"外观交点"🖂：在执行命令需要确定点时,执行该命令,可以捕捉到两不相交线段的延伸交点,显示相交直线×标记,如图 2-39 所示;也可以捕捉直线和圆弧的延伸交点。

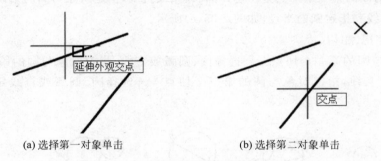

(a) 选择第一对象单击　　　　　　(b) 选择第二对象单击

图 2-39　捕捉外观交点

（5）"延长线"🖳：一般用于自动捕捉,在执行命令需要确定点时,可以捕捉离光标最近图线的延伸点。当光标经过对象的端点时(不能单击),端点将显示小加号(+),继续沿着线段或圆弧的方向移动光标,显示临时直线或圆弧的延长虚线,以便在临时直线或圆弧的延长线上确定点。如果光标滑过两个对象的端点,移动光标到两对象延伸的交点附近,捕捉延伸交点,如图 2-40 所示。

（6）"圆心"🖸：在执行命令需要确定点时,执行该命令,可以捕捉离光标最近曲线的圆心,显示小圆⊕标记。该命令可以捕捉到圆弧、圆、椭圆和椭圆弧的圆心,如图 2-41 所示。

（7）"象限点"◈：在执行命令需要确定点时,执行该命令,可以捕捉离光标最近曲线的象限点,显示菱形◇标记。圆和椭圆都有 4 个象限点,为与两条垂直中心线的交点,如图 2-42 所示。

（8）"切点"🖸：在执行命令需要确定点时,执行该命令,可以捕捉离光标最近的图线切点,显示圆相切⭘标记。该命令可以捕捉到直线与曲线或曲线与曲线的切点,切点的位置与靠近对象的位置有关,如图 2-43 所示。

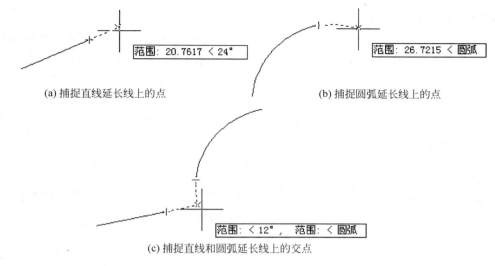

(a) 捕捉直线延长线上的点   (b) 捕捉圆弧延长线上的点

(c) 捕捉直线和圆弧延长线上的交点

图 2-40 捕捉延长线上的点

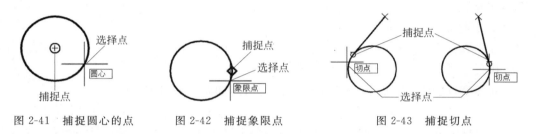

图 2-41 捕捉圆心的点   图 2-42 捕捉象限点   图 2-43 捕捉切点

（9）"垂足" ⊥：在执行命令需要确定点时，执行该命令，可以捕捉外面一点到指定图线的垂足，显示直角 ┗ 标记，如图 2-44 所示。可以与直线、圆弧、圆、多段线、射线、多线等图线的边垂直。

（10）"平行线" ⫽：在执行命令需要确定点时，执行该命令，可以捕捉与已知直线平行的直线。确定直线的第一个点后，执行捕捉平行线命令，将光标移动到另一个对象的直线段上（注意，不要单击），则该对象显示平行捕捉标记 ⫽，然后移动光标到指定位置，屏幕上将显示一条与原直线平行的虚线对齐路径，可在此虚线上选择一点单击或输入距离数值，即可获得第二个点，如图 2-45 所示。

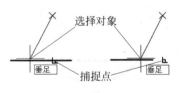

图 2-44 捕捉垂足

(a) 停留一下确定平行对象   (b) 确定平行线的长度

图 2-45 做直线平行线

(11)"插入点" 🔲：在执行命令需要确定点时，执行该命令，可以捕捉离光标的块、形或文字的插入点，显示插入点 🔓 标记，如图 2-46 所示。

捕捉点　选择对象

图 2-46　插入点

(12)"节点" 🔘：在执行命令需要确定点时，执行该命令，可以捕捉离光标最近的点对象、标注定义点或标注文字起点，显示点 ⊗ 标记，如图 2-47 所示。

(13)"最近点" 🔲：在执行命令需要确定点时，执行该命令，可以捕捉离光标最近各种图线上的点，显示最近点 ⊠ 标记，如图 2-48 所示。

尺寸标注节点　　　　文字节点　　　　图线上的点

图 2-47　节点

最近点

图 2-48　最近点

(14)"临时追踪点" 🔲：一般用于自动捕捉，与"极轴追踪"、"对象捕捉"、"对象追踪"同时使用，也可单独使用。

例如，绘制如图 2-49(a)所示的图形。

① 绘制直径为 20 的圆。

② 执行直线命令，输入 tt 按 Enter 键。

③ 光标靠近圆心，出现圆心标记，向右移动光标，如图 2-49(b)所示。

④ 输入 8，按 Enter 键。

⑤ 向下移动光标追踪到圆，出现极轴交点，单击确定起点，如图 2-49(c)所示。

⑥ 向左移动光标，与圆相交出现极轴交点，单击完成绘制。

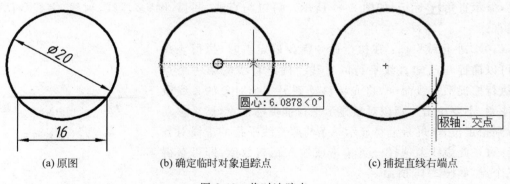

(a) 原图　　　　　(b) 确定临时对象追踪点　　　　(c) 捕捉直线右端点

图 2-49　临时追踪点

(15)"自" 🔲：在执行命令需要确定点时，执行该命令，可以确定距已知点相对距离的点。执行此捕捉命令后，先确定基点，然后输入要确定点距离基点的相对坐标"@X,Y"，按 Enter 键即可确定点。

例如，绘制如图 2-50(a)所示的图形。

① 绘制矩形。

② 执行圆命令，输入 from 按 Enter 键。

③ 光标靠近 A 点,捕捉 A 点,如图 2-50(b)所示。
④ 输入"@5,5",按 Enter 键。
⑤ 输入半径 3,按 Enter 键,如图 2-50(c)所示,完成绘制。

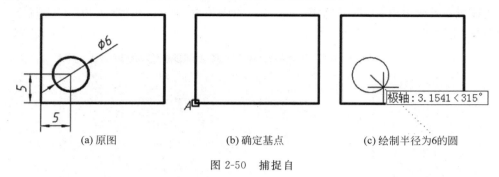

(a) 原图   (b) 确定基点   (c) 绘制半径为6的圆

图 2-50   捕捉自

2.2.5   随堂练习

绘制如图 2-51 所示的图形。先用"极轴追踪"模式绘制多边形,再采用"对象捕捉"模式绘制中间的连线,最后绘制圆。

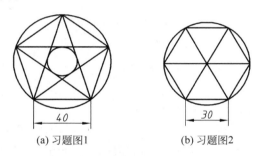

(a) 习题图1   (b) 习题图2

图 2-51   对象捕捉图形练习

2.3   使用极轴追踪模式绘制图形

2.3.1   案例介绍及知识要点

采用"极轴追踪"模式绘制图形,绘制如图 2-52 所示的图形。

【知识点】
(1)极轴追踪的设置方法。
(2)利用极轴追踪模式确定点的方法。

2.3.2   操作步骤

步骤一:新建文件
利用建立的 A3 样板文件新建图形,保存为"极轴追踪模式绘图"。

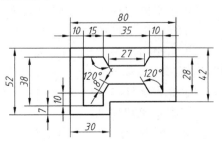

图 2-52   极轴追踪模式绘图

步骤二：设置"极轴追踪"模式

（1）单击状态栏上的"极轴追踪"按钮 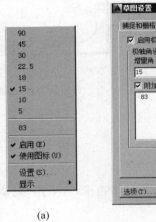，使其亮显，打开极轴追踪。

（2）右击"极轴追踪"按钮 ，从弹出的快捷菜单中选择"增量角"为 15，如图 2-53(a)所示，完成设置；或单击设置，弹出"草图设置"的"极轴追踪"标签，在"增量角"下拉列表中选择 15，单击"确定"按钮，如图 2-53(b)所示。

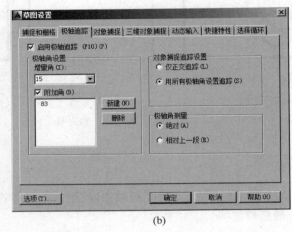

图 2-53　设置极轴增量角

步骤三：绘制外框

（1）选择粗实线图层。

（2）执行直线命令。

① 在合适位置单击，确定左下角点的位置。

② 水平向右移动光标，极轴角显示为 0°，如图 2-54 所示，输入 30，按 Enter 键。

③ 竖直向上移动光标，当极轴角为 90°时，如图 2-55 所示，输入 10，按 Enter 键。

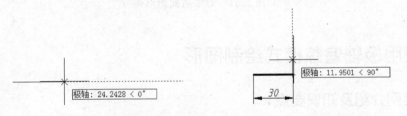

图 2-54　确定起点，绘制 30mm 水平线　　　图 2-55　绘制 10mm 竖直线

④ 水平向右移动光标，当极轴角为 0°时，如图 2-56 所示，输入 50，按 Enter 键。

⑤ 竖直向上移动光标，当极轴角为 90°时，如图 2-57 所示，输入 42，按 Enter 键。

⑥ 水平向左移动光标，首先经过图线起始点，显示捕捉端点标记小正方形时，向上移动光标，出现"端点：<90°，极轴：<180°"，如图 2-58 所示，单击确定。

⑦ 输入字母 C，按 Enter 键完成外框的绘制，如图 2-59 所示。

步骤四：绘制内框

（1）利用捕捉"自" 命令确定起点。

运行直线命令，执行捕捉"自" 命令，捕捉 A 点为基点，输入"@10,7"，按 Enter 键，确定 B 点的位置，如图 2-60 所示。

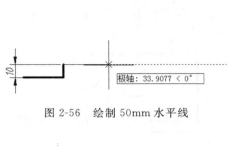

图 2-56　绘制 50mm 水平线

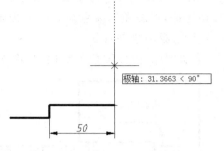

图 2-57　绘制 42mm 竖直线

图 2-58　绘制上侧水平线

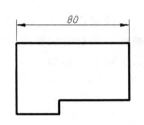

图 2-59　封闭外框

（2）利用极轴追踪绘制直线。

① 水平向右移动光标，当极轴角为 0°时，如图 2-61 所示，输入 15，按 Enter 键。

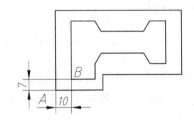

图 2-60　确定内框起点 B

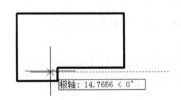

图 2-61　绘制 15mm 水平线

② 竖直向上移动光标，当极轴角为 90°时，输入 10，按 Enter 键。

③ 移动光标，当极轴角为 60°时，如图 2-62 所示，输入距离数值 8，按 Enter 键。

④ 移动光标，当极轴角为 0°时，如图 2-63 所示，输入距离数值 27，按 Enter 键。

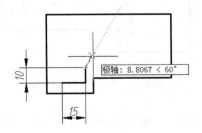

图 2-62　绘制左下侧斜线

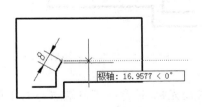

图 2-63　绘制下侧水平线

（3）利用极轴追踪和对象捕捉追踪绘制直线。

移动光标，追踪左侧端点与 300°的极轴交点，如图 2-64 所示，单击确定点。

（4）利用极轴绘制直线。

① 移动光标，当极轴角为 0°时，如图 2-65 所示，输入距离数值 10 后按 Enter 键。

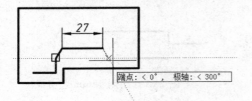

图 2-64　绘制右下侧斜线

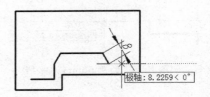

图 2-65　绘制右下侧水平线

② 移动光标，当极轴角为 90°时，如图 2-66 所示，输入距离数值 28 后按 Enter 键。

（5）利用极轴追踪和对象捕捉追踪绘制直线。

① 移动光标，追踪右下侧端点与 180°的极轴交点，如图 2-67 所示，单击确定点。

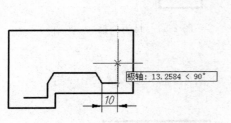

图 2-66　绘制右侧竖直线

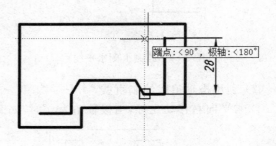

图 2-67　绘制右上侧水平线

② 移动光标，追踪右下侧端点与 240°的极轴交点，如图 2-68 所示，单击确定点。

③ 移动光标，追踪左下侧交点与 180°的极轴交点，如图 2-69 所示，单击确定点。

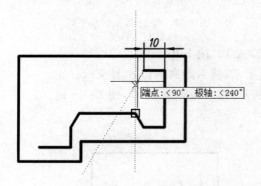

图 2-68　绘制右上侧斜线

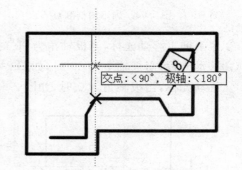

图 2-69　绘制上侧水平线

④ 移动光标，追踪左下侧端点与右上侧端点的交点，如图 2-70 所示，其追踪的端点将显示小十字（椭圆区域显示），单击确定点。

⑤ 移动光标，追踪左下侧 B 点与 180°的极轴交点，如图 2-71 所示，单击确定点。

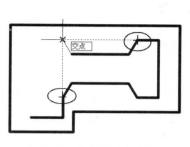

图 2-70　绘制左上侧斜线

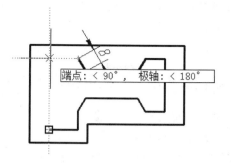

图 2-71　绘制左上侧水平线

（6）闭合。

输入 C，按 Enter 键完成图形的绘制。

步骤五：保存文件

选择"文件"|"保存"命令，保存文件。

2.3.3　步骤点评

1. 对于步骤四：关于极轴追踪

可以通过在状态栏中单击"极轴追踪"按钮 🔘，使其亮显，打开极轴追踪。极轴追踪强迫光标沿着"极轴角度设置"中指定的路径移动。例如，如果选择"增量角"为 15，光标将沿着与 15°的倍数角度平行的路径移动，并且出现一个显示距离与角度的工具提示条。

使用"极轴追踪"模式时，在确定第 1 点后，绘图窗口内才能显示虚点的极轴。

"极轴追踪"与"正交"模式只能二选一，不能同时使用。

2. 对于步骤四：关于对象捕捉追踪

对象捕捉追踪能够以图形对象上的某些特征点作为参照点，来追踪其他位置的点。

对象捕捉追踪可以通过在状态栏中单击"对象追踪"按钮 🔘，使其亮显，打开对象追踪，并在"草图设置"对话框的"对象捕捉"选项卡中选中"启用对象捕捉"和"启用对象捕捉追踪"复选框才能使用，如图 2-72 所示。

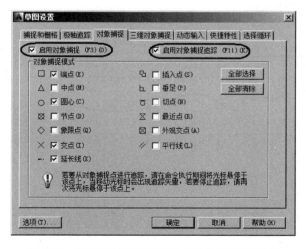

图 2-72　"草图设置"对话框中的"对象捕捉"设置

当执行对象捕捉追踪时,可以产生基于对象捕捉点的临时追踪线,因此,该功能与对象捕捉功能相关,两者需同时打开才能使用,而且对象追踪只能追踪"对象捕捉"模式中设置的自动对象捕捉点。

2.3.4 总结及拓展——使用自动追踪

在使用自动追踪时,光标将沿着一条临时路径来确定图上关键点的位置,该功能可用于相对于图形中其他点或对象的那些点的定位。自动追踪包括极轴追踪和对象捕捉追踪。

一般"极轴追踪"按钮 ⌖ 、"对象捕捉"按钮 □ 和"对象追踪"按钮 ∠ 同时打开使用。

2.3.5 随堂练习

采用"极轴模式"绘制的图形如图 2-73 所示。

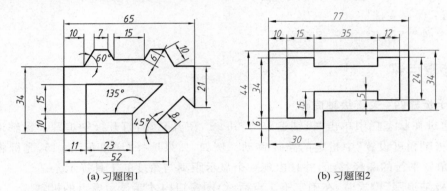

(a) 习题图1   (b) 习题图2

图 2-73 极轴图形练习

2.4 运用相切关系绘制图形

2.4.1 案例介绍及知识要点

绘制如图 2-74 所示的图形。

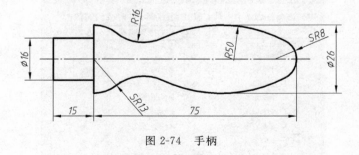

图 2-74 手柄

【知识点】
(1) "修剪"命令。
(2) "偏移"命令。
(3) "镜像"命令。

（4）"删除"命令。

（5）选择对象的方法。

2.4.2　操作步骤

步骤一：新建文件

利用建立的 A3 样板文件新建图形，保存为"相切关系绘图"。

步骤二：绘制中心线和左边线段

（1）选择"中心线"层，用直线命令绘制中心线。

（2）选择"粗实线"层，用直线命令绘制左边线段，如图 2-75 所示。

步骤三：绘制两个圆

绘制半径为 13 和 8 的两个圆，如图 2-76 所示。

图 2-75　绘制中心线和直线　　　　　图 2-76　绘制半径为 13 和 8 的两个圆

（1）单击"绘图"工具栏上的"圆"按钮 ⊘，指定圆心半径，绘制半径为 13 的圆。

（2）执行圆命令，结合极轴追踪确定半径为 8 的圆的圆心，如图 2-77 所示，绘制完成半径为 8 的圆。

步骤四：绘制半径为 50 和 16 的圆

（1）单击"修改"工具栏上的"偏移"按钮 ⊡，指定偏移距离为 13，选择中心线，将鼠标放在中心线上方单击，如图 2-78 所示。

图 2-77　结合极轴追踪确定圆心　　　　　图 2-78　偏移中心线

（2）单击"绘图"工具栏上的"圆"按钮 ⊘，利用"相切半径（T）"，确定两切点，输入半径值 50，如图 2-79（a）所示，完成半径为 50 的圆的绘制。

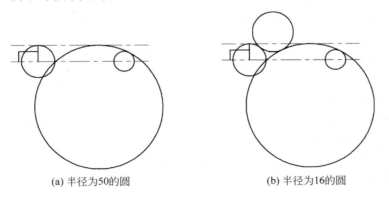

(a) 半径为50的圆　　　　　　　(b) 半径为16的圆

图 2-79　绘制半径为 50 和 16 的圆

(3) 同上方法,完成半径为 16 的圆的绘制,如图 2-79(b)所示。

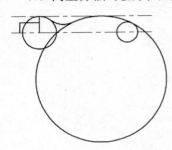

图 2-80　修剪半径为 16 的圆

步骤五:修剪半径为 16 的圆

单击"修改"工具栏上的"修剪"按钮 ,提示"选择对象",选择半径为 13 和半径为 50 的两个圆,按 Enter 键后选择半径为 16 的圆的上半部分圆弧,完成修剪,如图 2-80 所示。

步骤六:修剪半径为 50、13 和 8 的圆

(1) 单击"修改"工具栏上的"修剪"按钮 ,提示"选择对象",选择半径为 16 的圆弧和半径为 8 的圆,按 Enter 键后选择半径为 50 的圆的下半部分圆弧,完成半径为 50 的圆的修剪,如图 2-81(a)所示。

(2) 同上方法,完成半径为 13 的圆的修剪,如图 2-81(b)所示。

(3) 同上方法,完成半径为 8 的圆的修剪,如图 2-81(c)所示。

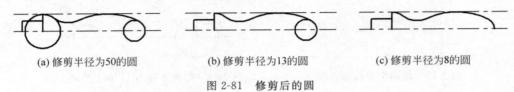

(a) 修剪半径为50的圆　　　　(b) 修剪半径为13的圆　　　　(c) 修剪半径为8的圆

图 2-81　修剪后的圆

步骤七:删除偏移的中心线

单击"修改"工具栏上的"删除"按钮 ,提示"选择对象",选择偏移的中心线即可。

步骤八:绘制图形的下半部分

单击"修改"工具栏上的"镜像"按钮 ,提示"选择对象",选择上半部分图形,按 Enter 键后,分别捕捉中心线的两个端点,即确定中心线为镜像线,按 Enter 键结束,如图 2-82 所示。

步骤九:保存文件

选择"文件"|"保存"命令,保存文件。

图 2-82　镜像图形

2.4.3　步骤点评

1. 对于步骤四:偏移命令

(1) 启动偏移命令的方式。

- 菜单命令:"修改(M)"|"偏移(S)"。
- "修改"工具栏:"偏移"按钮 。
- 命令行输入:offset。

(2) 执行偏移命令的步骤。

① 执行命令。

② 输入偏移距离,按 Enter 键。

③ 选择要偏移的对象。

④ 指定要偏移的方向。

2. 对于步骤五:修剪命令

(1) 启动修剪命令的方式。

- 菜单命令:"修改(M)"|"修剪(T)"。

- "修改"工具栏："修剪"按钮 ⊬ 。
- 命令行输入：trim。

（2）执行修剪命令的步骤。

① 执行命令。

② 选择作为剪切边的对象，按 Enter 键。

③ 选择要剪掉的对象。

3. 对于步骤七：删除命令

（1）启动删除命令的方式。

- 菜单命令："修改（M）"|"删除（E）"。
- "修改"工具栏："删除"按钮 ✐ 。
- 命令行输入：erase。

（2）执行删除命令的方式。

① 选择要删除的对象，在绘图窗口中右击，从快捷菜单中选择"删除"命令。

② 单击"修改"工具栏上的"删除"按钮 ✐ ，然后选择删除对象，按 Enter 键完成；也可选择删除的对象，单击"修改"工具栏上的"删除"按钮 ✐ 完成。

③ 选择要删除的对象，按 Del 键完成。

④ 选择要删除的对象，按 Ctrl＋X 组合键将它们剪切到剪贴板。

4. 对于步骤八：镜像命令

（1）启动镜像命令的方式。

- 菜单命令："修改（M）"|"镜像（I）"。
- "修改"工具栏："镜像"按钮 ⚎ 。
- 命令行输入：mirror。

（2）执行镜像命令的步骤。

① 执行命令。

② 可使用各种方法选择对象，按 Enter 键结束选择。

③ 指定镜像线的第一点。

④ 指定镜像线的第二点。

⑤ 按 Enter 键结束。

提示：可根据提示，选择是否删除源对象。

2.4.4　总结及扩展——建立选择集

在编辑图形时，选择对象的方法有多种，在此介绍常用的方法。

1. 使用拾取框光标选择对象

当命令行提示选择对象时，光标为矩形拾取框，放到要选择的对象上，对象将亮显，单击后选择，如图 2-83 所示。

提示：按住 Shift 键，单击已选择的对象，则这个对象退出选择集。

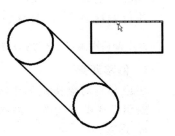

图 2-83　使用光标拾取

2. 使用窗口选择方式——W 窗口选择方式（简称窗选）选择对象

在要选择多个对象的左侧单击,确定一点,由左向右移动光标,将出现一个大小随光标移动而改变的矩形窗口,单击确定窗口大小后,全部在窗口中的对象被选中,变成虚线,如图 2-84 所示。

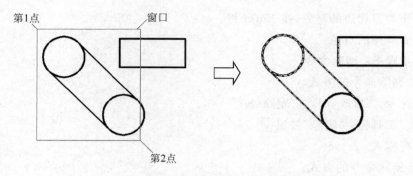

图 2-84 窗口选择方式

3. 使用交叉窗口选择方式——C 窗口选择方式（叉选）选择对象

在要选择多个对象的右侧,单击,确定一点,由右向左移动光标,将出现一个大小随光标移动而改变的虚线窗口,单击确定窗口大小后,只要在矩形窗口内的对象,都被选中,变成虚线,如图 2-85 所示。

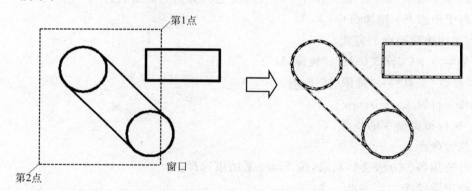

图 2-85 交叉窗口选择方式

2.4.5 总结及扩展——偏移命令应用

可偏移的对象有直线、圆弧、圆、椭圆、椭圆弧（形成椭圆形样条曲线）、二维多段线、构造线（参照线）和射线、样条曲线。

执行偏移命令后,在命令行将显示如下提示:

指定偏移距离或 [通过(T)/删除(E)/图层(L)] <通过>:

1. 偏移距离

在距现有对象指定的距离处创建对象,两对象之间距离相同,如图 2-86 所示。

提示:可以连续多次偏移,如创建系列间距相同的平行线或同心圆。

2. 通过

创建通过指定点的对象,如图 2-87 所示,用偏移命令做平行线。

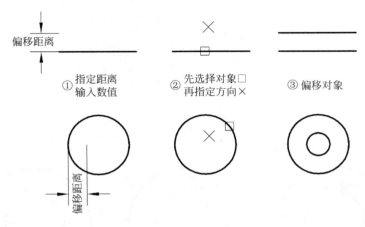

图 2-86 偏移对象

① 执行偏移命令,输入 T,按 Enter 键。

② 选择偏移对象。

③ 指定偏移通过点 A,则复制对象(或延长线)过此点。

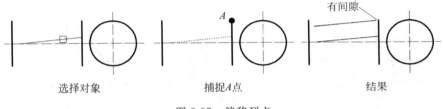

图 2-87 偏移到点

提示:可以用捕捉替代方式确定点,但是不能指定切点、垂足等。

3. 图层

在图 2-87 的偏移过程中,得到图形还是为辅助线图层,可以通过图层方式换为粗实线。

① 选择粗实线图层为当前层。

② 执行偏移命令,输入 L,按 Enter 键。

③ 输入 C,按 Enter 键。

④ 输入 T,按 Enter 键。

⑤ 选择偏移对象。

⑥ 指定偏移通过点,则复制对象过此点,且为粗实线。

2.4.6 总结及扩展——修剪命令应用

通过修剪命令 Trim 使对象与其他对象的边相接,选择的剪切边与修剪对象相交,最终将对象修剪至剪切边的交点。

(1) 修剪对象,使它们精确地终止于由其他对象定义的边界,如图 2-88 所示。

(2) 对象既可以作为剪切边,也可以是被修剪的对象,如图 2-89 所示。

(3) 执行命令后,按 Enter 键选定所有对象,互为剪切边,然后选择要修剪的对象,如图 2-90 所示。

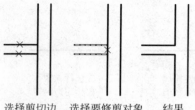

图 2-88　修剪应用 1

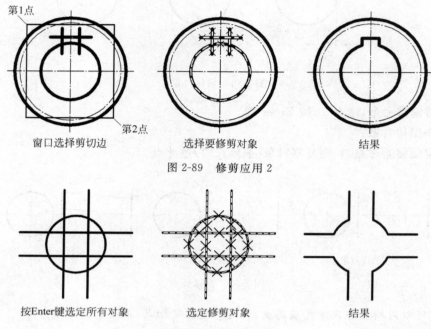

第1点　　窗口选择剪切边　　　　　选择要修剪对象　　　　　　结果

第2点

图 2-89　修剪应用 2

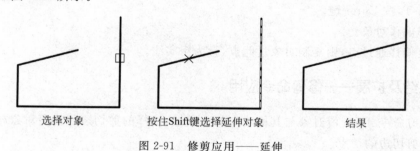

按Enter键选定所有对象　　　　选定修剪对象　　　　　　　结果

图 2-90　修剪应用 3

提示： 每条直线均被剪切为 5 段，若选择修剪对象时，最后剩下中间矩形 4 段任一段时，不能剪切，因此要按照每条直线依次修剪。

（4）执行命令，选择对象并按 Enter 键后，按住 Shift 键的同时选择不相交的对象，就会延伸到相交，如图 2-91 所示。

选择对象　　　　　按住Shift键选择延伸对象　　　　　结果

图 2-91　修剪应用——延伸

2.4.7　随堂练习

绘制如图 2-92 所示的平面图形。

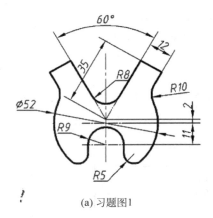

(a) 习题图1

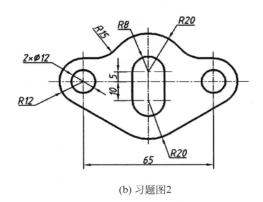

(b) 习题图2

图 2-92　平面图形练习

2.5　绘制具有均匀几何特征的图形

2.5.1　案例介绍及知识要点

绘制如图 2-93 所示的图形。

【知识点】

（1）矩形阵列的使用方法。

（2）环形阵列的使用方法。

（3）"分解"命令。

2.5.2　操作步骤

步骤一：新建文件

利用建立的 A3 样板文件新建图形，保存为 "垫片"。

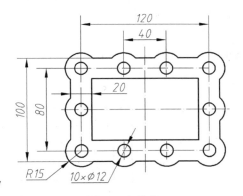

图 2-93　垫片

步骤二：绘制基准线

绘制基准线如图 2-94 所示。

（1）选择"中心线"层。

（2）单击"绘图"工具栏上的"矩形"按钮 ▢。

（3）在合适位置单击，确定矩形左下角点的位置。

（4）输入偏移距离"@120,80"，绘制 120×80 矩形，绘制基准线。

（5）执行直线命令，追踪矩形垂直线的中点，绘制水平中心线。

（6）使用同样的方法绘制垂直的中心线。

步骤三：绘制粗实线矩形

（1）偏移矩形，如图 2-95(a)所示。

① 执行偏移命令，输入距离 10，按 Enter 键。

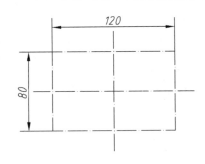

图 2-94　绘制基准线

② 选择中心线矩形后,在矩形外侧单击,复制一个外侧的矩形。

③ 再次选择中心线矩形后,在矩形内侧单击,复制一个内侧的矩形。

(2) 转换图层,如图 2-95(b)所示。

① 选择偏移生成的两个中心线矩形。

② 单击图层 [💡◎⊙🖎🔒■ 05中心线　　▼],在其下拉列表框中选择粗实线图层,转换为粗实线图层。

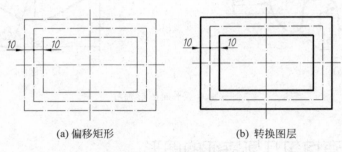

(a) 偏移矩形　　　　　　　(b) 转换图层

图 2-95　绘制矩形

步骤四:绘制左下角圆

执行圆命令,在左下角绘制半径为 15 和直径为 12 的圆,如图 2-96 所示。

步骤五:阵列圆

(1) 单击"修改"工具栏上的"矩形阵列"按钮 🔲,选择半径为 15 和直径为 12 的圆,按 Enter 键,如图 2-97 所示。

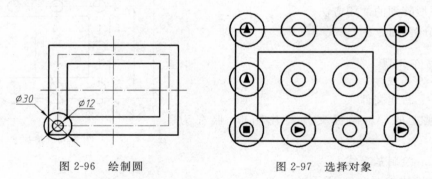

图 2-96　绘制圆　　　　　　　　图 2-97　选择对象

(2) 单击如图 2-98 所示的夹点 A,输入列数 4,按 Enter 键。

(3) 单击如图 2-98 中的夹点 B,输入列数 3,按 Enter 键。

(4) 单击如图 2-98 中的夹点 C,输入列数 40,按 Enter 键。

(5) 单击如图 2-98 中的夹点 D,输入列数 40,按 Enter 键。

(6) 按 Enter 键完成阵列操作,如图 2-99 所示。

步骤六:整理图形

(1) 单击"修改"工具栏上的"分解"按钮 🔲,选中阵列图后按 Enter 键将其分解。

(2) 执行"删除"命令,删除中间的圆,如图 2-100 所示。

(3) 执行"修剪"命令,修剪多余的图线,如图 2-101 所示。

步骤七:保存文件

选择"文件"|"保存"命令,保存文件。

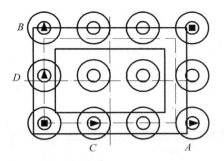

图 2-98　输入参数

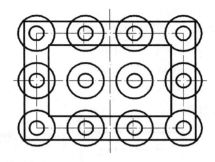

图 2-99　阵列结果

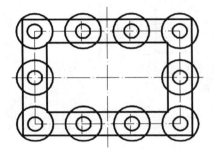

图 2-100　删除图形

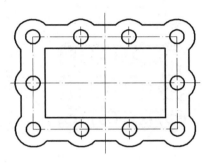

图 2-101　修剪图形

2.5.3　步骤点评

1. 对于步骤五：矩形阵列

（1）启动矩形阵列命令的方式。

- 菜单命令："修改（M）"|"阵列"|"矩形阵列"。
- "修改"工具栏："矩形阵列"按钮 田。
- 命令行输入：array。

（2）执行矩形阵列命令的步骤。

① 执行命令。

② 选择阵列的对象，按 Enter 键后将显示预览阵列。同时命令行窗口提示：

选择夹点以编辑阵列或［关联（AS）/基点（B）/计数（COU）/间距（S）/列数（COL）/行数（R）/层数（L）/退出（X）］

③ 输入各选项，确定行列数和其之间的距离。

其部分选项含义如下：

- 选择夹点指定各个参数：指定方式可以输入数据指定，也可以移动光标单击指定。每个夹点可指定的参数值，如图 2-102 所示。
- 关联：指定阵列中的对象是关联的还是独立的。
- 基点：定义阵列基点和基点夹点的位置。
- 间距：指定行间距和列间距，并使用户在移动光

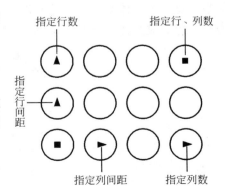

图 2-102　"矩形阵列"的夹点编辑

标时可以动态观察结果。

- 列数：编辑列数和列间距。
- 行数：指定阵列中的行数、它们之间的距离以及行之间的增量标高。

（3）矩形阵列对话框方式。

在命令行输入 arrayclassic，按 Enter 键，则打开"阵列"对话框。2.5.2 小节中的步骤五，就可以按如图 2-103 所示的方式完成。

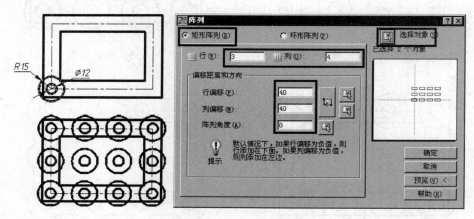

图 2-103　"矩形阵列"对话框

提示：在矩形阵列中，可以通过设置阵列角度来绘制倾斜的矩形阵列。

2. 对于步骤六：分解命令

（1）启动分解命令的方式。

- 菜单命令："修改(M)"|"分解(X)"。
- "修改"工具栏："分解"按钮 。
- 命令行输入：explode。

（2）执行分解命令的步骤。

① 执行命令。

② 选择分解的对象，按 Enter 键。

（3）关于分解命令的说明。

分解命令用于分解组合对象，如多段线、多线、标注、块、面域、多面网格、多边形网格、三维网格以及三维实体等。分解的结果取决于组合对象的类型，可以将正多边形（一个对象）分解为几个边而成为几个直线对象，如图 2-104 所示。

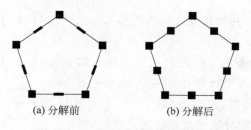

(a) 分解前　　　　　(b) 分解后

图 2-104　分解五边形的前后比较

2.5.4　总结及扩展——环形阵列

1. 启动环形阵列命令的方式

- 菜单命令："修改(M)"|"阵列"|"环形阵列"。
- "修改"工具栏："环形阵列"按钮 → 。
- 命令行输入：array→Po。

2. 执行环形阵列命令的步骤

(1) 执行命令。

(2) 选择要排列的对象。

(3) 指定中心点,将显示预览阵列,同时命令行窗口提示:

选择夹点以编辑阵列或[关联(AS)/基点(B)/项目(I)/项目间角度(A)/填充角度(F)/行(ROW)/层(L)/旋转项目(ROT)/退出(X)]<退出>:

(4) 输入 I(项目),然后输入要排列的对象的数量。

(5) 输入 A(项目间角度),并输入要填充的角度。

提示：还可以通过拖曳箭头夹点来调整填充角度。

其部分选项含义如下。

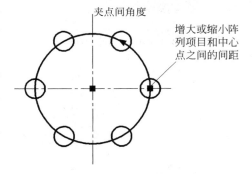

- 选择夹点指定各个参数：指定方式可以输入数据也可以移动光标指定。每个夹点可指定的参数值,如图 2-105 所示。
- 基点：相对于选定对象指定新的参照(基点),对对象指定阵列操作时,这些选定对象将与阵列圆心保持不变的距离。
- 填充角度：指定第一个和最后一个阵列对象基点间的夹角。
- 项目间角度：根据阵列中心点和阵列对象的基点指定对象间的夹角。

图 2-105　"环形阵列"的夹点编辑

- 旋转项目：是否旋转阵列中的对象,如图 2-106 所示。

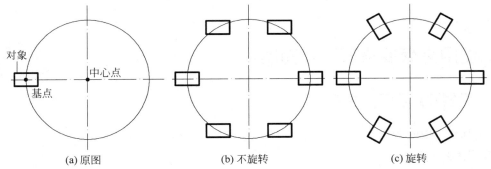

图 2-106　"环形阵列"图形

3. 环形阵列对话框方式

(1) 在命令行输入 arrayclassic,按 Enter 键,打开"阵列"对话框。

（2）选择"环形阵列"，指定中心点坐标，项目总数，填充角度，并选择对象，完成阵列的操作。如图 2-107 所示。

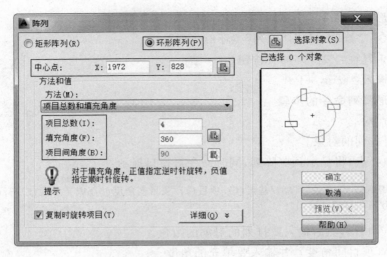

图 2-107　"环形阵列"对话框

2.5.5　随堂练习

绘制如图 2-108 所示的图形。

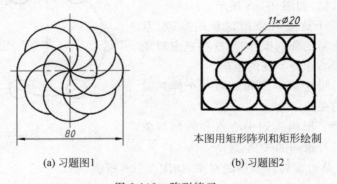

(a) 习题图1　　　　　　　(b) 习题图2

图 2-108　阵列练习

2.6　使用夹点编辑方式绘制图形

2.6.1　案例介绍及知识要点

绘制如图 2-109 所示的图形。

【知识点】

（1）"正多边形"命令。

（2）"圆角"命令。

（3）夹点编辑的方法。

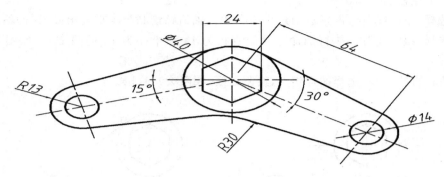

图 2-109　绘制的平面图形

2.6.2　操作步骤

步骤一：新建文件

利用建立的 A3 样板文件新建图形，保存为"夹点编辑绘制的图形"。

步骤二：绘制基准圆和正六边形

(1) 选择"中心线"层，执行直线命令绘制中心线。

(2) 选择"粗实线"层，执行圆命令绘制直径为 40 的圆。

(3) 单击"绘图"工具栏上的"正多边形"按钮 ⬡ ，输入边数 6，按 Enter 键。

(4) 单击 O 点为正六边形的中心点，输入 C，按 Enter 键。

(5) 输入半径为 12，按 Enter 键，完成正六边形的绘制，如图 2-110(a)所示。

(6) 在不执行任何命令的情况下，单击选中绘制好的正六边形，出现若干蓝色小方格(夹点)，单击某个夹点，此夹点变为红色，在红色夹点上右击，出现一个光标菜单，如图 2-110(b)所示。

(7) 选中光标菜单上的"旋转"命令，指定 O 点为基点，输入旋转角度 90°，完成正六边形的旋转，如图 2-110(c)所示。

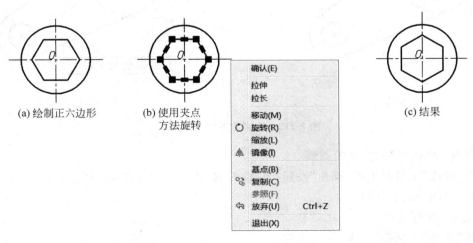

图 2-110　绘制正六边形

步骤三：绘制右下角圆和切线

(1) 选择"中心线"层，设置极轴角为30°，用极轴追踪绘制与水平夹角成30°的斜线。

(2) 选择"粗实线"层，执行圆命令绘制直径为14和半径为13的两个圆，如图2-111(a)所示。

(3) 执行直线命令，选择捕捉切点，绘制切线，如图2-111(b)。

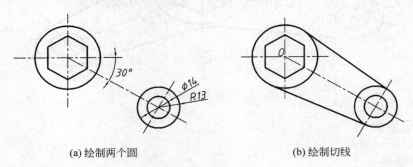

(a) 绘制两个圆　　　　　　　　　　(b) 绘制切线

图 2-111　绘制两个圆及切线

步骤四：绘制左下角圆和切线

(1) 单击"修改"工具栏上的修剪命令 ┼，选择两切线，将右下角圆的多余圆弧去掉，如图 2-112(a)所示。

(2) 右击状态栏上的"极轴追踪"按钮 ⓖ，设置极轴角为15°。

(3) 在不执行任何命令的情况下，选中绘制好的要旋转部分，出现若干夹点，单击某个夹点，此夹点变为红色，在红色夹点上右击，出现一个光标菜单。

(4) 选择光标菜单上的"旋转"命令，指定点 O 为基点，输入 C(复制)后按 Enter 键，用极轴追踪方式追踪 225°角后，单击，如图 2-112(b)所示，绘制完成左下角圆和切线。

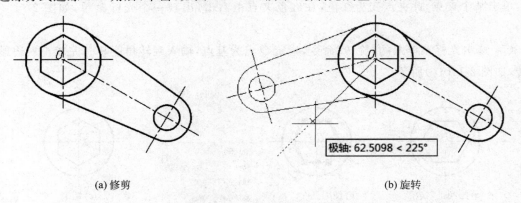

(a) 修剪　　　　　　　　　　　　(b) 旋转

图 2-112　绘制左下角圆及切线

步骤五：绘制半径为30的圆弧

单击"修改"工具栏上的"圆角"按钮 ▢，输入 R，输入半径为30，选择左右两条切线，完成圆弧绘制，如图 2-113 所示。

步骤六：保存文件

选择"文件"|"保存"命令，保存文件。

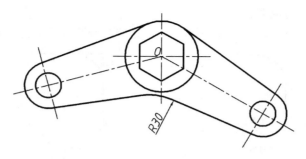

图 2-113 绘制半径为 10 的圆弧

2.6.3 步骤点评

1. 对于步骤二：正多边形命令

(1) 启动正多边形命令的方式。

- 菜单命令："绘图(D)"|"正多边形(Y)"。
- "绘图"工具栏："正多边形"按钮⬠。
- 命令行输入：polygon。

(2) 执行正多边形命令的步骤。

① 执行命令。

② 输入正多边形边数，按 Enter 键。

③ 指定多边形的中心点。

④ 输入选项[内接于圆(I)/外切于圆(C)]，即中心点到顶点(或边)距离的方式。

⑤ 指定圆的半径：指定点或输入值确定距离。

提示：指定点确定半径，可以确定正多边形的旋转角度和大小。输入半径值绘制底边为水平的正多边形。

也可在指定中心线之前，输入选项 E，来通过指定一条边的两个端点来定义正多边形；注意，指定点的顺序不同，其正多边形也不同。

(3) 在此步骤绘制正六边形时，可以通过指定点确定半径的方式来绘制。先确定距离正六边形中心点 12mm 的那个点(可以是直线端点或圆与水平中心线的交点)，而在绘制正六边形要输入半径时，直接捕捉此点，而不必执行旋转命令。

2. 对于步骤五：圆角命令

(1) 启动圆角命令的方式。

- 菜单命令："修改(M)"|"圆角(F)"。
- "修改"工具栏："圆角"按钮⬜。
- 命令行输入：fillet。

(2) 执行圆角命令的步骤。

① 执行命令。

② 输入选项 R，按 Enter 键。

③ 输入半径数值，按 Enter 键。

④ 选择第一条图线。

⑤ 选择第二条图线。

（3）关于圆角命令的说明：

① 选择选项"修剪（T）"，可设置是否将选定的边修剪到圆角弧切点，其区别如图 2-114 所示。

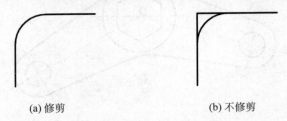

(a) 修剪　　　　　　　　　　　　　(b) 不修剪

图 2-114　修剪与不修剪区别

② 选择选项"多个（M）"，可设置连续绘制多个相同半径的圆角。

③ 按住 Shift 键的同时选择要圆角的对象时，相当于半径为 0，即延伸或修剪相交成一点。

④ 选择对象为平行直线时，不论半径是多少，都以两线之间的距离为直径绘制半圆。

⑤ 选择对象的位置不同，结果也不一样，如图 2-115 所示。

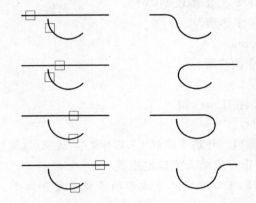

图 2-115　选择不同位置的对象形成不同的圆角

2.6.4　总结及扩展——夹点

在不执行任何命令（空命令）的情况下，选择对象后，该对象的关键点上会出现若干个蓝色小方格即夹点，如图 2-116 所示。

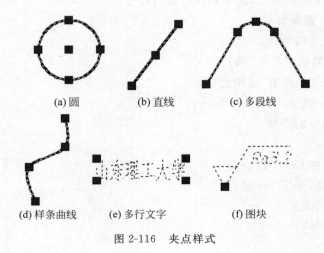

(a) 圆　　　　　(b) 直线　　　　　(c) 多段线

(d) 样条曲线　　　　(e) 多行文字　　　　(f) 图块

图 2-116　夹点样式

将光标悬停在夹点上可以查看和访问多功能夹点菜单,并可以在命令提示行选择可用的选项。

如果单击某个夹点,则将此夹点激活,夹点变为红色。可利用此夹点,对实体进行拉伸、移动、旋转、缩放和镜像等编辑操作。

夹点变为红色后,在命令行有提示,可根据命令行提示选择选项。或在夹点处右击,在弹出的快捷菜单中选择各种编辑操作,如图 2-117 所示。例如,2.6.2 小节中的步骤二就是用此方法来旋转正六边形的。

选择文字、块参照、直线中心、圆心和点对象上的夹点时,会移动对象而不是拉伸它,如图 2-118(a)和图 2-118(c)所示。

选择象限夹点来拉伸圆或椭圆,然后在输入新半径命令提示下指定距离(而不是移动夹点),此距离是指从圆心而不是从选定夹点测量的距离,如图 2-118(b)所示。

选择直线一端的夹点,将执行拉伸对象,可输入数值来确定此夹点沿光标方向移动的距离。拉长、缩短或旋转直线,如图 2-118(d)所示。

图 2-117　夹点快捷菜单的样式

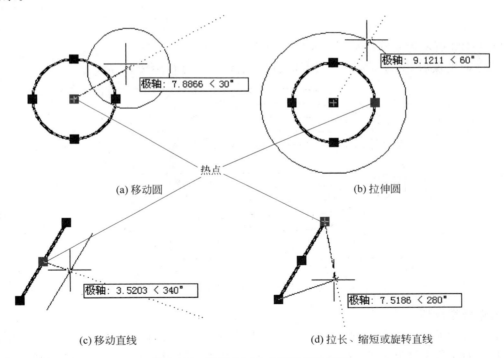

(a) 移动圆　　　　　　　　　　(b) 拉伸圆

(c) 移动直线　　　　　　　(d) 拉长、缩短或旋转直线

图 2-118　选择不同夹点移动后的图形

提示:状态栏上"动态输入"按钮的亮显与灰色,其结果是不一样的。

在执行上述命令时,使用复制选项,选择文字、块参照、直线中点、圆心和点对象上的夹点时,移动光标后,可以连续复制原对象,如图 2-119(a)和图 2-119(c)所示。

若选择直线段的中点或圆的象限点,可复制出不同长度、方向的直线或不同半径的同心圆,如图 2-119(b)和图 2-119(d)所示。

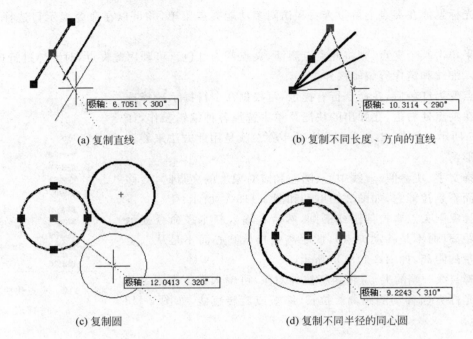

(a) 复制直线　　　　　　　　　(b) 复制不同长度、方向的直线

(c) 复制圆　　　　　　　　　(d) 复制不同半径的同心圆

图 2-119　选择不同夹点复制后的图形

图 2-120 所示为复制椭圆后改变半径的情况。

若选择夹点后，执行旋转选项，图线则以夹点为中心进行旋转。

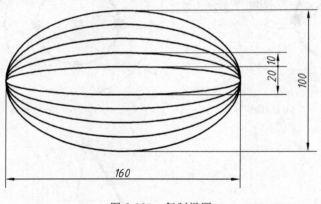

图 2-120　复制椭圆

夹点操作技巧：

选择夹点后，按住 Ctrl 键的同时，单击热点移动光标复制对象，基点不同，复制后的对象也不同，只要复制一次后，就可以松开 Ctrl 键连续复制；按住 Shift 键的同时，单击基点，能移动或修改对象；移动光标后按 Alt 键，可以预览修改后的图形，再按 Alt 键，继续操作。

2.6.5　随堂练习

绘制如图 2-121 所示的图形。

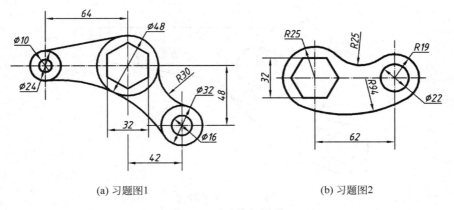

(a) 习题图1　　　　　　　　(b) 习题图2

图 2-121　连接杆图形

2.7　上机练习

选择建立的合适样板文件,熟悉各种命令的使用,利用学过的命令绘制如图 2-122～图 2-127 所示的图形。

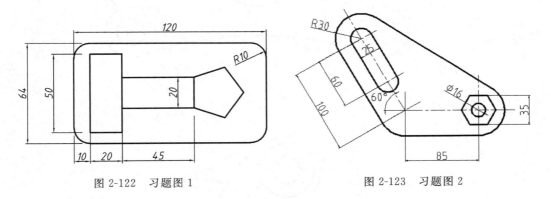

图 2-122　习题图 1　　　　　　　　图 2-123　习题图 2

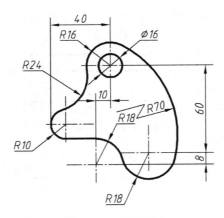

图 2-124　习题图 3

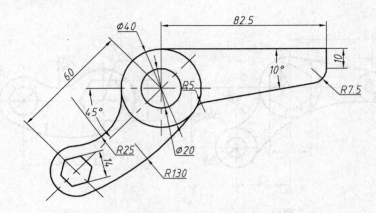

图 2-125 习题图 4

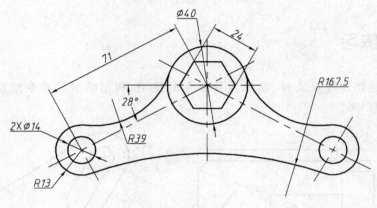

图 2-126 习题图 5

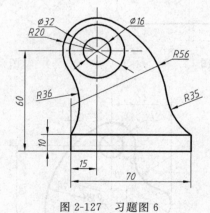

图 2-127 习题图 6

第**3**章

常用电气元件的绘制

电气设备主要由电气元件和连接线组成。无论电路图、系统图,还是接线图和平面图,都是以电气元件和连接线作为描述的主要内容。电气元件和连接线有多种不同的描述方式,从而构成了电气图的多样性。

3.1 连接线与连接件

3.1.1 案例介绍及知识要点

绘制绞合导线图形符号并保存成图块,如图 3-1 所示。

【知识点】

(1) 电气图形符号的构成和分类。

(2) 电气图形符号的绘制与使用规定。

(3) 连接线的一般表示方法。

(4)"旋转"命令。

(5)"延伸"命令。

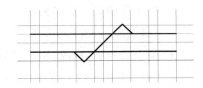

图 3-1 绞合导线图形符号

3.1.2 操作步骤

步骤一:新建文件

利用建立的 A3 样板文件新建图形。

步骤二:绘制 *AB*、*BC*、*CD* 线并旋转

(1) 选择"元件层"图层。

(2) 执行直线命令,绘制一条长为 40 的水平线。

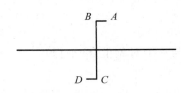

图 3-2 绘制直线

(3) 执行直线命令,选择水平线中点,绘制 *BC* 线长为 15,绘制 *AB*、*DC* 线长为 2.5,如图 3-2 所示。

(4) 单击"修改"工具栏上的"旋转"按钮 ⟳ ,选择 *AB*、*BC*、*CD* 直线,按 Enter 键。

(5) 选择 *BC* 线与水平线交点为基点,输入"－45",按

Enter 键,结果如图 3-3 所示。

步骤三:绘制剩余部分

(1) 执行偏移命令,偏移距离为 2.5,绘制上下两条水平直线,如图 3-4 所示。

图 3-3　直线旋转结果　　　　　　　图 3-4　偏移水平线

(2) 单击"修改"工具栏上的"延伸"按钮 ,选择上下两条水平直线,按 Enter 键。

(3) 单击,选择如图 3-5(a)所示要延伸的线段,绘制完成,如图 3-5(b)所示。

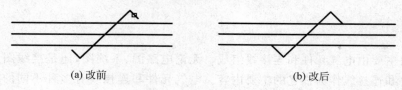

(a) 改前　　　　　　　　　　　　　　(b) 改后

图 3-5　延伸对象

(4) 执行删除命令,选择中间的水平直线,完成绘制。

步骤四:保存为图块

在命令行输入 wblock,保存名为"绞合导线"的图块。

3.1.3　步骤点评

1. 对于步骤二:旋转命令

(1) 启动旋转命令的方式。

- 菜单命令:"修改(M)"|"旋转(R)"。
- "修改"工具栏:"旋转"按钮 。
- 命令行输入:rotate。

(2) 执行旋转命令的步骤。

① 执行命令。

② 选择对象,按 Enter 键。

③ 指定基点,即旋转的中心点。

④ 指定旋转角度或输入[复制(C)/参照(R)]选项,可输入角度或利用光标指定方向。

(3) [复制(C)/参照(R)]选项的应用。

① 复制。

创建要旋转选定对象的副本,生成多个不同角度的对象。

② 参照。

参照方式就是将对象从指定的角度旋转到新的绝对角度或与一个对象重合(平行)。

绝对角度旋转如图 3-6 所示。

旋转至与一个对象重合的位置如图 3-7 所示。

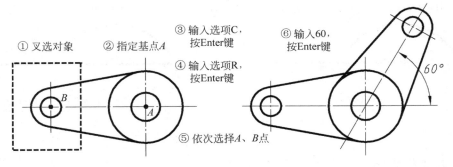

图 3-6　绝对角度旋转

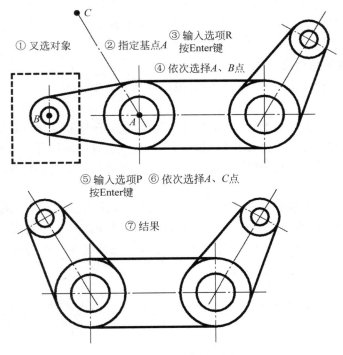

图 3-7　与一个对象重合

2. 对于步骤三：延伸命令

（1）启动延伸命令的方式。

- 菜单命令："修改（M）"|"延伸（D）"。

- "修改"工具栏："延伸"按钮 ┘。

- 命令行输入：extend。

（2）执行延伸命令的步骤。

其步骤与修剪命令的操作方法相同。

延伸命令可以使对象精确地延伸至由其他对象定义的边界，如图 3-8 所示。

执行延伸命令，选择对象按 Enter 键后，按住 Shift 键，即可变为修剪命令；反之，执行修剪命令，选择对象按 Enter 键后，按住 Shift 键，即可变为延伸命令；延伸和修剪命令的边界对象既可以作为延伸边或剪切边，也可以是被延伸或修剪的对象。

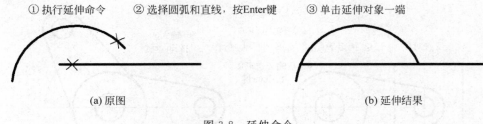

① 执行延伸命令　　② 选择圆弧和直线，按Enter键　　③ 单击延伸对象一端

(a) 原图　　　　　　　　　　　　　　　　　　　(b) 延伸结果

图 3-8　延伸命令

3.1.4　总结及拓展——电气图形符号

按简图形式绘制的电气工程图中，元件、设备、线路及其安装方法等，都是借用图形符号、文字符号和项目代号来表达的。分析电气工程图，首先要了解这些符号的形式、内容、含义以及它们之间的相互关系。

1. 电气图形符号的构成

电气图形符号包括一般符号、符号要素、限定符号和方框符号。

（1）方框符号。

方框符号用来表示元件、设备等的组合及其功能，是一种既不给出元件、设备的细节，也不考虑所有这些连接的一种简单图形符号，如正方形、长方形等图形符号。方框符号在系统图和框图中使用得最多。另外，电路图中的外购件、不可修理件也可以用方框符号表示。

（2）符号要素。

符号要素是一种具有确定意义的简单图形，必须同其他图形符号组合起来，构成一个设备或概念完整符号。例如，真空二极管是由外壳、阴极、阳极和灯丝 4 个符号要素组成的。符号要素一般不能单独使用，只有按照一定方式组合起来才能构成完整的符号。符号要素的不同组合可以构成不同的符号。

（3）一般符号。

一般符号是用来表示一类产品或此类产品特性的简单符号，如电阻、电灯、开关等，如图 3-9 所示。

(a) 电阻　　　　　　　(b) 电灯　　　　　　　(c) 开关

图 3-9　一般符号

（4）限定符号。

限定符号是一种用来提供附加信息、加在其他符号上的符号，一般不代表独立的设备、器件和元件，仅用来说明某些特征、功能和作用等。限定符号不能单独使用，一般符号加上不同的限定符号，可得到不同的专用符号。例如，在开关的一般符号上加不同的限定符号可分别得到隔离开关、断路器、接触器、按钮开关、转换开关，如图 3-10 所示。

2. 电气图形符号的分类

《电气简图用图形符号》(GB/T4728.1—2005)采用中华人民共和国国家标准，在国际上具有通用性，有利于对外技术交流。《电气简图用图形符号》共 13 部分，介绍如下。

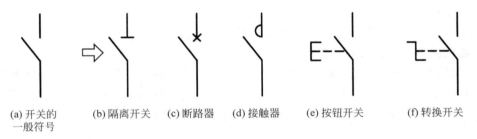

(a) 开关的   (b) 隔离开关   (c) 断路器   (d) 接触器   (e) 按钮开关   (f) 转换开关
一般符号

图 3-10   一般符号的扩展

（1）一般要求。

一般要求包括本标准内容提要、名词术语、符号的绘制、编号使用及其他规定。

（2）符号要素、限定符号和其他常用符号。

符号要素、限定符号和其他常用符号包括轮廓和外壳、电流与电压的种类、可变性、力或运动的方向、流动方向、材料的类型、效应或相关性、辐射、信号波形、机械控制、操作件与操作方法、非电量控制、接地、接机壳与等电位、理想电路元件等。

（3）导体和连接件。

导体和连接件包括电线、屏蔽或绞合导线、同轴电缆、端子与导线连接、插头和插座、电缆终端头等。

（4）基本无源元件。

基本无源元件包括电阻器、电容器、铁氧体磁芯、压电晶体、驻极体等。

（5）半导体管和晶体管。

半导体管和晶体管如二极管、三极管、晶闸管、电子管等。

（6）电能的发生与转换。

电能的发生与转换包括绕组、发动机、变压器等。

（7）开关、控制和保护器件。

开关、控制和保护器件包括触点、开关、开关装置、控制装置、启动器、继电器、接触器和保护器件等。

（8）测量仪表、灯和信号器件。

测量仪表、灯和信号器件包括指示仪表、记录仪表、热电偶、遥测装置、传感器、灯、电铃、蜂鸣器、喇叭等。

（9）电信：交换和外围设备。

交换和外围设备包括交换系统、选择器、电话机、电报和数据处理设备、传真机等。

（10）电信：传输。

传输内容包括通信电路、天线、波导管器件、信号发生器、激光枪、调制器、解调器、光纤传输线路等。

（11）建筑安装平面布置图。

建筑安装平面布置图内容包括发电站、变电所、网络、音响和电视的分配系统、建筑用设备、露天设备。

（12）二进制逻辑元件。

二进制逻辑元件包括计算器、存储器等。

（13）模拟元件。

模拟元件包括放大器、函数器、电子开关等。

3. 电气图形符号的绘制与使用

（1）图形符号按无电压、无外力作用时的原始状态绘制。可手工绘制也可计算机绘制，手工绘制时按 GB4728 中图形符号大小成比例绘出。一般图形符号的长边或直径为模数 M(2.5mm)的倍数，如 2M、1.5M、1M、0.5M。计算机绘制时，在模数 M＝2.5mm 的网格中绘制。

（2）图形符号根据图面布置的需要缩小或放大，但各个符号之间及符号本身的比例应保持不变，同一张图纸上图形符号的大小应一致，线条的粗细应一致。

（3）图形符号的方向不是强制性的，在不改变符号含义的前提下，可根据图面布置的需要旋转或镜像放置，但文字和指示方向不得倒置，旋转方位是 90°的倍数。

（4）为了保证电气图用符号的通用性，不允许对 GB 4728 中已给出的图形符号进行修改和派生，但如果某些特定装置的符号在 GB 4728 中未作规定，允许按已规定的符号适当组合派生。

（5）在 GB 4728 中，某些设备、器件、元件给出各个图型符号，有优选型和其他型，选用符号时应尽量选用优选型和最简单型，但同一张图纸中只能选用一种图型。

（6）电气图用图形符号的引线一般不能改变位置，但某些符号的引线变动不会影响符号的含义，引线可画在其他位置。

3.1.5　总结及拓展——连接线的表示方法

电气制图中的导线、连接线和连接件是电路的基本组成部分。通过线、点和端子将各种电气元件连接起来，起到传输电能和传递信息的作用。

1. 连接线的一般表示法

（1）导线一般表示法。

一般的图线就可表示单根导线。对于多根导线，可以分别画出，也可以只画一根图线，但要加标志。若导线少于 4 根，可用短划线数量代表根数；若多于 4 根，可在短划线旁加数字表示，如图 3-11(a)所示。表示导线特征的方法是，在横线上面标出电流种类、配电系统、频率和电压等；在横线下面标出电路的导线数乘以每根导线截面积(mm²)，当导线的截面积不同时，可用"＋"将其分开，如图 3-11(b)所示。

要表示导线的型号、截面、安装方法等，可采用短划指引线，加标导线属性和敷设方法，如图 3-11(c)所示。该图表示导线的型号为 BLV(铝芯塑料绝缘线)，其中 3 根截面积为 25mm²，1 根截面积为 16mm²；敷设方法为穿入塑料管(VG)，塑料管管径为 40mm，沿地板暗敷。

要表示电路相序的变换、极性的反向、导线的交换等，可采用交换号表示，如图 3-11(d)所示。

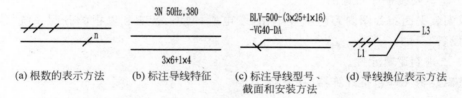

(a) 根数的表示方法　(b) 标注导线特征　(c) 标注导线型号、截面和安装方法　(d) 导线换位表示方法

图 3-11　导线的表示方法

（2）图线的粗细。

一般而言，电源主电路、一次电路、主信号通路等采用粗线表示；控制回路、二次回路等采用细线表示。

（3）连接线分组和标记。

为了方便看图，对多根平行连接线，应按功能分组。若不能按功能分组，可任意分组，但每组不多于 3 条，组间距应大于线间距。

为了便于看出连接线的功能或去向，可在连接线上方或连接线中断处做信号名标记或其他标记。

（4）导线连接点的表示。

导线的连接点有 T 形连接点和多线的十字形连接点之分。对于 T 形连接点可加实心圆点，也可不加实心圆点，如图 3-12（a）所示；对于十字形连接点，必须加实心圆点，如图 3-12（b）所示；而交叉不连接的，不能加实心圆点，如图 3-12（c）所示。

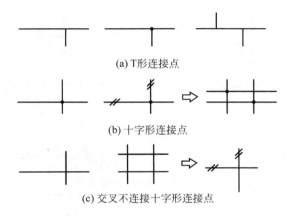

(a) T形连接点

(b) 十字形连接点

(c) 交叉不连接十字形连接点

图 3-12　导线连接点表示例图

2. 连接线的连续表示法和中断表示法

（1）连续表示法及其标志。

连接线可用多线或单线表示。为了避免线条太多，以保持图面的清晰，对于多条去向相同的连接线，常采用单线表示法，如图 3-13 所示。

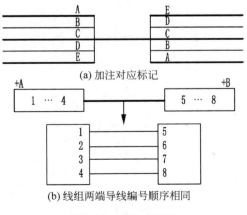

(a) 加注对应标记

(b) 线组两端导线编号顺序相同

图 3-13　单线表示法

当导线汇入用单线表示的一组平行连接线时,在汇入处应折向导线走向,而且每根导线两端采用相同的标记,如图 3-14 所示。

(2)中断表示法及其标志。

为了简化线路图或使多张图采用相同的连接表示,连接线一般采用中断表示法。

在同一张图中,中断处的两端应给出相同的标记,并给出连接线去向的箭头;对于不同的图,应在中断处采用相对标记法,即中断处标记名相同,并标注"图序号/图区位置"。

对于接线图,中断表示法的标注采用相对标注法,即在本元件的出线端标注去连接对方元件的端子号。如图 3-15 所示,PJ 元件的 1 号端子与 CT 元件的 2 号端子相连接,而 PJ 元件的 2 号端子与 CT 元件的 1 号端子相连接。

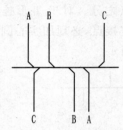

图 3-14 汇入导线表示法

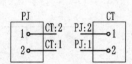

图 3-15 中断表示法的相对标注

3.1.6 随堂练习

绘制连接线与连接件的图形符号,如表 3-1 所示,并保存成图块。

表 3-1 连接线与连接件符号

名　　称	图形符号	文字符号
三相三线制连接线	3N 50Hz,380 3×6+1×4	
电缆中的导线符号		
可拆卸端子		
端子板		XT

3.2　基本无源元件

3.2.1　案例介绍及知识要点

绘制滑动触点电位器图形符号并保存成图块,如图 3-16 所示。

【知识点】

(1) 无源元件的基本概念。

(2) 无源元件符号的绘制。

(3)"多段线"命令。

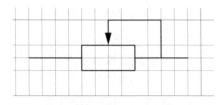

图 3-16　滑动触点电位器图形符号

3.2.2　操作步骤

步骤一:新建文件

利用建立的 A3 样板文件新建图形。

步骤二:绘制滑动触点电位器图形符号

(1) 选择"元件层"图层。

(2) 执行矩形命令,绘制一个 20×10 的矩形。

(3) 执行直线命令,选择捕捉中点,分别绘制左右两条水平直线,如图 3-17 所示。

(4) 单击"绘图"工具栏上的"多段线"按钮,确定右边水平线的中点为起点,向上移动光标,极轴角显示 90°,输入 15,按 Enter 键。

(5) 向左移动光标,极轴角显示 180°,输入 20,按 Enter 键。

(6) 向下移动光标,极轴角显示 270°,输入 5,按 Enter 键,如图 3-18 所示。

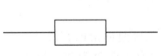

图 3-17　矩形、直线绘制结果

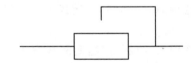

图 3-18　"多段线"命令绘制除箭头以外部分

(7) 输入 W,按 Enter 键。

(8) 输入 2,确定箭头起点宽度,按 Enter 键。

(9) 输入 0,确定箭头终点宽度,按 Enter 键。

(10) 单击选择矩形的中点,完成绘制。

步骤三:保存为图块

在命令行输入 wblock,保存名为"滑动触点电位器"的图块。

3.2.3　步骤点评

对于步骤二:多段线命令

1. 多段线命令的方式和操作步骤

(1) 启动多段线命令的方式。

• 菜单命令:"绘图(D)"|"多段线(P)"。

- "绘图"工具栏："多段线"按钮 ⤵。
- 命令行输入：pline 或 pl。

（2）执行多段线命令的步骤。

① 执行命令，指定起点。

② 执行选项，完成各种绘制。

执行多段线命令后，在命令行的选项如下。

指定下一点或[圆弧(A)/闭合(C)/半宽(H)/长度(L)/放弃(U)/宽度(W)]:

圆弧（A）：将弧线段添加到多段线中。输入 A 后，命令行显示绘制圆弧的选项。

宽度（W）：指定下一条直线段的宽度。输入 W 后按 Enter 键，要分别输入图线起始点的宽度值。

例如，绘制如图 3-19 所示的多段线图形。

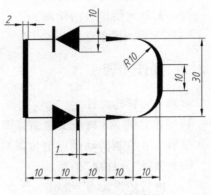

图 3-19　多段线图形

2. 绘制图形的操作步骤

绘制图形的操作步骤如下。

（1）用建立的 A3 样板文件新建图形文件，选择"粗实线"图层，执行多段线命令，输入选项 W，选择起点和端点宽度为 0，绘制长为 10 的水平线。

（2）选择选项 W，选择起点宽度为 10，端点宽度为 0，绘制长为 9 的水平线。

（3）选择选项 W，选择起点和端点宽度为 10，绘制长为 1 的水平线。

（4）选择选项 W，选择起点和端点宽度为 0，绘制长为 10 的水平线。

（5）选择选项 W，选择起点宽度为 2，端点宽度为 0，绘制长为 10 的水平线。

（6）选择选项 A，绘制圆弧，选择起点宽度为 0，端点宽度为 2，角度为 90°，半径为 10，圆弧的弦方向为 45°。

（7）选择选项 L，绘制直线，此时线宽为 2，绘制长为 10 的竖直向上的直线。

（8）选择选项 A，绘制圆弧，选择起点宽度为 2，端点宽度为 0，角度为 90°，半径为 10，圆弧的弦方向为 135°。

（9）选择选项 L，绘制直线，选择起点宽度为 0，端点宽度为 2，绘制长为 10 的水平向左直线。

（10）选择选项 W，选择起点和端点宽度为 0，绘制长为 10 的水平向左直线。

（11）选择选项 W，选择起点宽度为 10，端点宽度为 0，绘制长为 9 的水平向左直线。

（12）选择选项 W，选择起点和端点宽度为 10，绘制长为 1 的水平向左直线。

（13）选择选项 W，选择起点和端点宽度为 0，绘制长为 10 的水平向左直线。

（14）选择选项 W，选择起点和端点宽度为 2，选择选项 C，绘制长为 30 的竖直向下闭合直线。

3.2.4　总结及拓展——基本无源元件

1. 电阻器

电阻器是电子设备中应用最广泛的元件之一。在电路中起限流、分流、降压、分压、负载作用,并与电容配合起到滤波器及阻抗匹配等作用。

导电体对电流的阻碍作用称为电阻,用符号 R 来表示。电阻的单位为欧姆、千欧和兆欧。分别用 Ω、kΩ 和 MΩ 表示。

(1) 电阻器的分类。

电阻器的种类繁多,若根据电阻器的电阻值在电路中的特性来分,可分为固定电阻器、可变电阻器(电位器)和敏感电阻器 3 大类。

① 固定电阻器。

固定电阻器按组成材料可分为非线绕电阻器和线绕电阻器两大类。非线绕电阻器可分为薄膜电阻器、实芯型电阻器、金属玻璃釉电阻器等。其中,薄膜电阻器又可分为碳膜电阻和金属膜电阻两类;按用途进行分类,电阻器可分为普通型(通用型)、精密型、功率型、高压型、高阻型等;按形状分类,电阻器可分为圆柱状、管状、片状、纽扣状、块状、马蹄状等。

固定电阻器的图形符号如图 3-20 所示。

② 电位器(可变电阻器)。

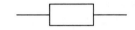

图 3-20　固定电阻器图形符号

电位器靠一个电刷(运动接点)在电阻上移动而获得变化的电阻值,其阻值在一定范围内连续可调。

电位器是一种机电元件,可以把机械位移变换成电压变化。电位器的分类有以下几种:按电阻材料可分为薄膜(非线绕)电位器和线绕电位器两种;按结构可分为单圈电位器、多圈电位器、单联电位器、双联电位器、多联电位器等;按有无开关可分为带开关电位器和不带开关电位器,其中开关形式有旋转式、推拉式和按键式等;按调节活动机构的运动方式可分为旋转式和直滑式电位器;按用途又可分为普通电位器、精密电位器、功率电位器、微调电位器、专用电位器等。

电位器的图形符号如图 3-21 所示。

③ 敏感电阻器。

敏感电阻器的电特性(如电阻率)对温度、光、机械力等物理量表现敏感,如光敏电阻器、热敏电阻器、压敏电阻器、气敏电阻器等。由于此类电阻器基本都是用半导体材料制成的,因此也叫做半导体电阻器。

热敏电阻器的图形符号如图 3-22(a)所示。压敏电阻器的图形符号如图 3-22(b)所示。

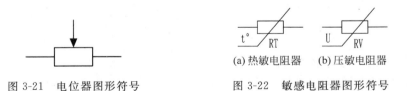

图 3-21　电位器图形符号　　　　　图 3-22　敏感电阻器图形符号

(2) 电阻器型号的命名方法。

根据国家标准 GB 2470—1981《电子设备用电阻器、电容器型号命名法》的规定,电阻器和电位器的型号由以下 4 个部分组成。

① 主称,用字母表示,表示产品的名字。例如,R 表示电阻,W 表示电位器。

② 材料,用字母表示,表示电阻器用什么材料制成。

③ 分类,一般用数字表示,个别类型用字母表示。

④ 序号,用数字表示,表示同类产品中的不同品种,以区分产品的外形尺寸和性能指标等。

例如,RT11 型表示普通碳膜电阻。

2. 电容器

电容器是由两个金属电极中间夹一层电介质构成的。在两个电极之间加上电压时,电极上就储存电荷,因此说电容器是一种储能元件。它是各种电子产品中不可缺少的基本元件,具有隔直流、通交流、通高频和阻低频的特性,在电路中用于调谐、滤波、能量转换等。

电容用符号 C 表示,电容的基本单位有法(F)、微法(μF)和皮法(pF),$1F=10^6\mu F=10^{12}pF$。

(1) 电容器的分类。

电容器的种类很多。按介质不同,可分为空气介质电容器、纸质电容器、有机薄膜电容器、磁介质电容器、玻璃釉电容器、云母电容器、电解电容器等;按结构不同,可分为固定电容器、半可变电容器、可变电容器等。

① 固定电容器。

固定电容器的容量是不可调的。常用的电解电容器,如图 3-23(a)所示。

② 半可变电容器。

半可变电容器又称微调电容器或补偿电容器,其特点是容量可在小范围内变化,可变容量通常在几皮法到几十皮法,最高可达 100pF(陶瓷介质)。半可变电容器通常用于调整后电容量不需经常改变的场合。

半可变电容器的图形符号如图 3-23(b)所示。

③ 可变电容器。

可变电容器的容量可在一定范围内连续变化,它由若干片形状相同的金属片拼接成一组(或几组)动片,动片可以通过转轴转动来改变动片插入定片的面积,从而改变电容量。其介质有空气、有机薄膜等。

可变电容器可分为"单联""双联"和"三联"3 种。单联电容器的图形符号如图 3-23(c)所示。

(a)固定电容器　　(b)半可变电容器　　(c)可变电容器

图 3-23　电容器图形符号

(2) 电容器的型号命名方法。

电容器的型号一般由 4 部分组成(不适用于压敏、可变和真空电容器),依次代表主称、材料、分类和序号。例如,CCW1 表示圆片形微调高频瓷介质电容器,如图 3-24 所示。

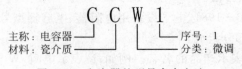

图 3-24　电容器的型号命令方法

3. 电感器

电感器又称电感线圈,是用漆包线在绝缘骨架上绕制而成的一种能存储磁场能的电子元器件,它在电路中具有阻交流通直流、阻高频通低频的特性。

　　电感用 L 表示,单位有亨利(H)、毫亨利(mH)和微亨利(μH),1H=10^3mH=$10^6$$\mu$H。

　　电感器的种类很多。根据电感器的电感量是否可调,分为固定电感器、可变电感器、微调电感器等;根据导磁体性质,可分为带磁芯的电感器和不带磁芯的电感器;根据绕线结构,可分为单层线圈、多层线圈、蜂房式线圈等。

　　带磁芯电感器的图形符号如图 3-25(a)所示。可变电感器的图形符号如图 3-25(b)所示。

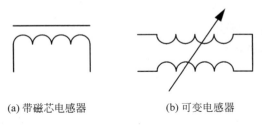

(a) 带磁芯电感器　　　　　(b) 可变电感器

图 3-25　电感器图形符号

3.2.5　随堂练习

　　绘制基本无源元件的图形符号,如表 3-2 所示,并保存成图块。

表 3-2　基本无源元件符号

类别	名称	图形符号	文字符号
电阻器	压敏电阻器		R
电容器	单联电容器		C
	微调电容器		C
电感器	带磁芯电感器		L
	可变电感器		L

3.3　半导体器件

3.3.1　案例介绍及知识要点

绘制发光二极管图形符号并保存成图块,如图 3-26 所示。

【知识点】

(1) 半导体器件的基本概念。

(2) 半导体器件符号的绘制。

(3) "缩放"命令。

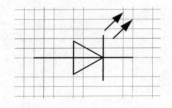

图 3-26　发光二极管图形符号

3.3.2　操作步骤

步骤一：新建文件

利用建立的 A3 样板文件新建图形。

步骤二：绘制直线和三角形

(1) 选择"元件层"图层。

(2) 执行正多边形命令,绘制一个任意尺寸的等边三角形。

图 3-27　绘制任意尺寸三角形

(3) 执行直线命令,过三角形右顶点绘制一条长为 25 的水平直线,如图 3-27 所示。

(4) 单击"修改"工具栏上的"缩放"按钮 ⬚ ,选择三角形。单击,选择三角形右顶点 A 点为基点,输入 R,按 Enter 键。

(5) 单击选择 A 点,再单击选择 B 点,如图 3-28(a)所示。输入 7.5,按 Enter 键结束,如图 3-28(b)所示。

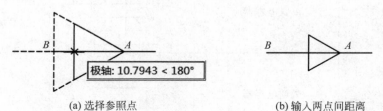

(a) 选择参照点　　　　　　　　　　(b) 输入两点间距离

图 3-28　缩放等边三角形

(6) 执行直线命令,过 A 点绘制一条长为 12 的竖线。

步骤三：绘制箭头

(1) 执行多段线命令,在绘图区任选一点为起点,绘制一个箭头,如图 3-29(a)所示。

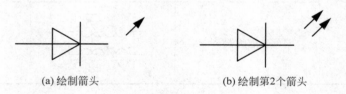

(a) 绘制箭头　　　　　　　　　　(b) 绘制第2个箭头

图 3-29　绘制箭头

（2）执行偏移命令，偏移距离为 3，绘制第 2 个箭头，如图 3-29(b)所示。

（3）执行移动命令，将两个箭头移动到合适位置。

步骤四：保存为图块

在命令行输入 wblock，保存名为"发光二极管"的图块。

3.3.3　步骤点评

对于步骤二：缩放命令

AutoCAD 提供的缩放命令，可以完成比例缩放操作。比例缩放分为比例因子缩放和参照缩放两种。

（1）启动缩放命令的方式。

- 菜单命令："修改(M)"|"缩放(L)"。
- "修改"工具栏："缩放"按钮 ⬛。
- 命令行输入：scale。

（2）执行缩放命令的步骤。

① 执行命令。

② 选择缩放的对象，按 Enter 键。

③ 指定基点。

④ 输入比例因子数值或指定选项[复制(C)/参照(R)]。

（3）缩放选项的说明。

① 比例缩放。

执行缩放命令，在指定基点后，输入比例因子数值，按 Enter 键即可完成。

提示：输入的比例因子数值可以是小数，也可以是分数，如 2/3。

② 参照缩放。

执行"参照"选项时，其原长度按指定的新长度缩放所选对象，如图 3-30 所示。

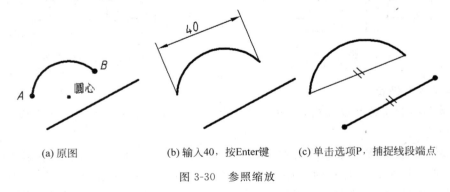

① 执行缩放命令　　② 选择圆弧 AB，按 Enter 键　　③ 选择圆心为基点

④ 输入选择参照 R 选项，按 Enter 键　　⑤ 分别捕捉 A、B 点为参照长度

(a) 原图　　　　　(b) 输入 40，按 Enter 键　　　(c) 单击选项 P，捕捉线段端点

图 3-30　参照缩放

③ 复制缩放。

创建要缩放的对象的副本（复制），如图 3-31 所示。

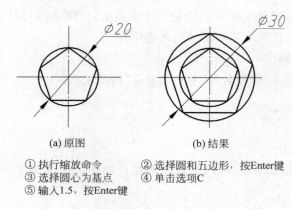

(a) 原图　　　　　　　(b) 结果

① 执行缩放命令　　　② 选择圆和五边形，按Enter键
③ 选择圆心为基点　　④ 单击选项C
⑤ 输入1.5，按Enter键

图 3-31　复制缩放

3.3.4　总结及拓展——半导体器件

半导体材料是指电阻率介于导体和绝缘体之间并有负电阻温度系数的物质。半导体的电阻率随着温度的升高而降低。用半导体材料制成的具有一定功能的器件，统称为半导体器件。

1. 我国半导体器件型号命名方法

半导体器件型号由 5 部分组成，其中场效应器件、半导体特殊器件、复合管、PIN 型管和激光器件的型号命名只有第 3、第 4 和第 5 部分。5 部分含义如下。

（1）用阿拉伯数字表示器件的有效电极数目。

（2）用汉语拼音字母表示器件的极性和材料。

（3）用汉语拼音字母表示器件的类型。

（4）用阿拉伯数字表示器件的序号。

（5）用汉语拼音字母表示规格。

例如，2AP10 表示 N 型锗材料的普通二极管，CS2B 表示场效应器件，如图 3-32 和图 3-33 所示。

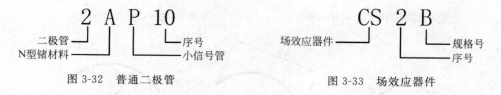

图 3-32　普通二极管　　　　　　　图 3-33　场效应器件

2. 半导体二极管

半导体二极管又称晶体二极管，简称二极管，由一个 PN 结加上引线及管壳构成。二极管具有单向导电性。

二极管的种类很多。按制作材料不同，可分为锗二极管和硅二极管；按制作的工艺不同，可分为点接触型二极管和面接触型二极管，点接触型二极管用于小电流的整流、检测、限幅、开关等电路中，面接触型二极管主要起整流作用；按用途不同，可分为整流二极管、检波二极管、稳压二极管、变容二极管、光敏二极管等。常用二极管的图形符号如图 3-34 所示。

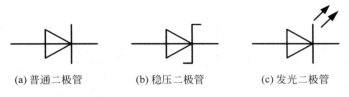

(a) 普通二极管　　　　(b) 稳压二极管　　　　(c) 发光二极管

图 3-34　常用二极管图形符号

3. 半导体三极管

半导体三极管又称双极型晶体管和晶体三极管,简称三极管,是一种电流控制电流的半导体器件,它的基本作用是把微弱的电信号转换成幅度较大的电信号。此外可作为无触点开关。由于三极管具有结构牢固、寿命长、体积小及耗电省等特点,所以被广泛应用于各种电子设备中。

三极管的种类很多。按所用的半导体材料不同,可分为硅管和锗管;按结构不同,可分为NPN 管和 PNP 管;按用途不同,可分为低频管、中频管、超高频管、大功率管、小功率管、开关管等;按封装方式不同,可分为玻璃壳封装管、金属壳封装管、塑料封装管等。

三极管的结构图如图 3-35 所示。

三极管的图形符号如图 3-36 所示。

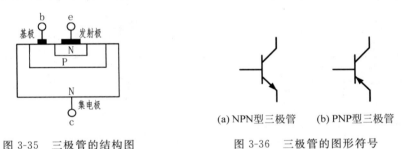

图 3-35　三极管的结构图　　　　　　(a) NPN型三极管　　(b) PNP型三极管

图 3-36　三极管的图形符号

4. 晶闸管

晶闸管也称可控硅,是一种能够像闸门一样控制电流大小的半导体器件。因此,晶闸管可以用作开关控制、电压调整、整流等功能。

晶闸管的种类较多,按关断、导通及控制方式分类,可分为普通单向晶闸管、双向晶闸管、逆导晶闸管、门极关断晶闸管、BTG 晶闸管、温控晶闸管、光控晶闸管等;按引脚和极性分类,可分为二级、三级和四级晶闸管;按封装形式分类,可分为金属封装晶闸管、塑封晶闸管和陶瓷封装晶闸管,其中金属封装晶闸管又分为螺栓型、平板型、圆壳型等,塑封晶闸管又分为带散热片型和不带散热片型;按电流容量分类可分为大功率、中功率和小功率晶闸管;按关断速度分类可分为普通晶闸管和快速晶闸管。

常用的有单向晶闸管和双向晶闸管。单向晶闸管的等效电路和电路符号如图 3-37 所示。双向晶闸管的等效电路和电路符号如图 3-38 所示。

3.3.5　随堂练习

绘制常用半导体器件的图形符号,如表 3-3 所示,并保存成图块。

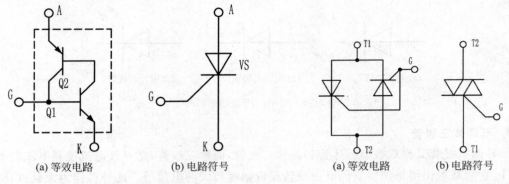

(a) 等效电路　　　(b) 电路符号　　　　　　(a) 等效电路　　　(b) 电路符号

图 3-37　单向晶闸管等效电路和电路符号　　　图 3-38　双向晶闸管等效电路和电路符号

表 3-3　常用半导体器件符号

类别	名称	图形符号	文字符号
二极管	二极管		V
	稳压二极管		V
三极管	PNP 三极管		V
	NPN 三极管		V
晶闸管	晶闸管		V
	双向晶闸管		V

3.4　开关控制和保护器件

3.4.1　案例介绍及知识要点

绘制常开主触点的图形符号并保存成图块,如图 3-39 所示。

【知识点】

（1）开关控制和保护器件的基本概念。

（2）开关控制和保护器件符号的绘制。

（3）"圆弧"命令。

（4）"拉长"命令。

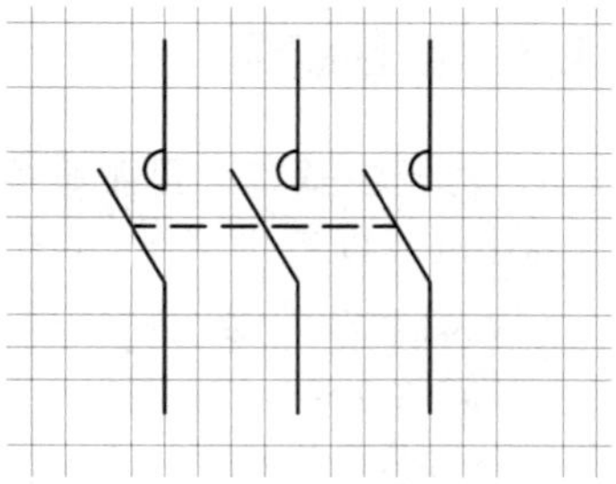

图 3-39　常开主触点图形符号

3.4.2　操作步骤

步骤一：新建文件

利用建立的 A3 样板文件新建图形。

步骤二：绘制左边直线

（1）选择"元件层"图层。

（2）执行直线命令，绘制一条长为 10 的竖线；设置极轴角为 30°，追踪 120°极轴方向，绘制一条长为 10 的斜线 AB。

（3）执行直线命令，追踪 B 点 0°极轴方向和 A 点 90°极轴方向的交点 C，绘制一条长为 10 的竖线，如图 3-40 所示。

步骤三：完成左边图形的绘制

（1）单击"绘图"工具栏上的"圆弧"按钮，输入 C，按 Enter 键。

（2）单击鼠标，选择 C 点为圆弧的圆心；追踪 90°极轴方向，输入 1.5，按 Enter 键，确定圆弧的起点。

（3）输入 L，按 Enter 键。

（4）输入 3，按 Enter 键，如图 3-41(a)所示。

（5）选择"修改(M)"|"拉长(G)"命令，输入 DE，按 Enter 键。

（6）输入长度增量为 1.5，按 Enter 键。

（7）单击，选择 CD 直线的下半部分，如图 3-41(b)所示，完成左边图形的绘制。

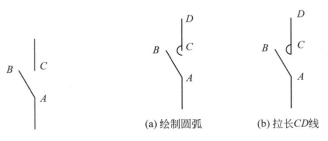

(a)绘制圆弧　　　　　(b)拉长CD线

图 3-40　绘制左边直线　　　　　图 3-41　绘制左边图形

步骤四：完成剩余部分的绘制

（1）执行复制命令，选择已绘制完成的图形，指定 D 点为基点，在 0°极轴方向分别输入 10 和 20。

（2）选择"虚线"图层，执行直线命令，选择 AB 线的中点为起点，绘制水平虚线。

步骤五：保存为图块

在命令行输入 wblock，保存名为"常开主触点"的图块。

3.4.3　步骤点评

1. 对于步骤二：圆弧命令

AutoCAD 提供了 10 种绘制圆弧的方式，在下拉菜单有各个选项，如图 3-42 所示。

(1) 启动圆弧命令的方式。

- 菜单命令："绘图(D)"|"圆弧(A)"。

- "绘图"工具栏："圆弧"按钮 。

- 命令行输入：arc。

(2) 执行圆弧命令的步骤。

① 执行命令。

② 根据命令行提示确定。

圆弧方向由起点和端点的方向确定，圆弧沿着起点开始到端点确定的位置逆时针方向旋转。

在执行"起点，端点，半径"绘制圆弧时，确定起点和端点后，若输入半径为正值，圆弧的圆心角小于 $180°$；若输入半径为负值，则圆弧的圆心角大于 $180°$。

提示：绘制直线和圆弧间相切图线，可在绘制前一对象后，执行下一命令，按 Enter 键，则可以自动找到上一命令结束的终止点，且直线和圆弧之间的连接为相切。

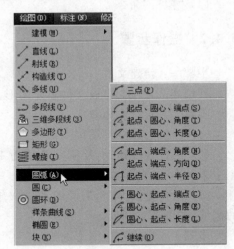

图 3-42　绘制圆弧菜单

2. 对于步骤二：拉长命令

(1) 启动拉长命令的方式。

- 菜单命令："修改(M)"|"拉长(G)"。

- 命令行输入：lengthen。

(2) 执行拉长命令的步骤。

① 执行命令。

② 选择增量方式。

③ 输入长度增量，按 Enter 键。

④ 选择要修改的对象。

(3) 选项说明。

① 增量(DE)。

用指定增加量的方法改变对象的长度或角度。

② 百分数(P)。

用指定占总长度的百分比的方法改变圆弧或直线段的长度。

③ 全部(T)。

用指定新的总长度或总角度值的方法来改变对象的长度或角度。

④ 动态(DY)。

打开动态拖曳模式，在这种模式下，可以使用拖曳鼠标的方法来动态地改变对象的长度或角度。

3.4.4　总结及拓展——开关控制和保护器件

1. 常用开关元件

所谓开关,就是指能够通过手动方式进行电路切换或控制的元件。常用的开关元件有按钮开关、行程开关、接近开关等。

(1) 按钮开关。

按钮开关是一种应用广泛的主令电器,用于短时接通或断开小电流的控制电路。

按钮开关一般由按钮帽、复位弹簧、触头元件和外壳组成。当按下按钮帽时,常开触点闭合,而常闭触点断开,此时可控制两条电路。松开按钮帽,则可在弹簧的作用下使触点恢复原位。

按钮开关的图形符号如图 3-43 所示。

(2) 行程开关。

行程开关又称限位开关,是一种根据运动部件的行程位置而切换电路的主令电器。行程开关可实现对行程的控制和对极限位置的保护。

行程开关的结构原理与按钮开关相似,但行程开关的动作是通过机械运动部件上的撞块或其他部件的机械作用进行操作的。

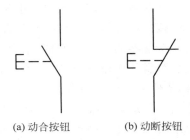

(a) 动合按钮　　　　(b) 动断按钮

图 3-43　按钮开关的图形符号

行程开关按其结构可分为按钮式(直动式)、滚轮式、微动式 3 种。

① 按钮式行程开关。

这种行程开关的动作情况与按钮开关一样,即当撞块压下推杆时。其常闭触点打开,而常开触点闭合;当撞块离开推杆时,触点在弹簧力的作用下恢复原状。这种行程开关的结构简单,价格便宜;其缺点是触点的通断速度与撞块的移动速度有关,当撞块移动速度较慢时,触点断开也缓慢,电弧容易使触点烧损,因此它不宜用在移动速度低于 0.4m/min 的场合。

② 滚轮式行程开关。

滚轮式行程开关分为单滚轮自动复位与双滚轮非自动复位两种形式。滚轮式行程开关的优点是触点的通断速度不受运动部件速度的影响,且动作快;其缺点是结构复杂,价格比按钮式行程开关高。

③ 微动式行程开关

微动式行程开关是由撞块压动推杆,使片状弹簧变形,从而使触点运动。当撞块离开推杆后,片状弹簧恢复原状,触点复位。微动式行程开关的优点是外形尺寸小、重量轻、推杆的动作行程小以及推杆的动作压力小;缺点是不耐用。

行程开关的图形符号如图 3-44 所示。

(3) 接近开关。

接近开关是一种非接触式的行程开关,其特点是挡块不需要与开关部件接触即可发出电信号。接近开关以其寿命长、操作频率高及动作迅速可靠的特点得到了广泛的应用。接近开关的图形符号如图 3-45 所示。

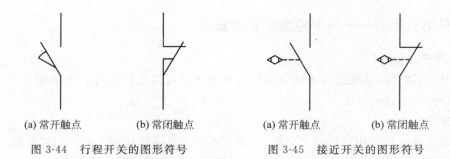

(a) 常开触点　　(b) 常闭触点　　　　　　　(a) 常开触点　　(b) 常闭触点

图 3-44　行程开关的图形符号　　　　　图 3-45　接近开关的图形符号

2. 接触器

接触器是一种用来接通或断开电动机或其他负载主回路的自动切换电器。接触器因具有控制容量大的特点而适用于频繁操作和远距离控制的电路中。其工作可靠，寿命长，是继电器——接触器控制系统中的重要元件之一。

接触器分为交流接触器和直流接触器两种。

接触器的动作原理是：在接触器的吸引线圈处于断电状态下，接触器为释放状态，这时在复位弹簧的作用下，动铁芯通过绝缘支架将动触桥推向最上端，使常开触头打开，常闭触头闭合，当吸引线圈接通电源时，流过线圈内的电流在铁芯中产生磁通，此磁通使静铁芯与动铁芯之间产生足够的吸力，以克服弹簧的反力，将动铁芯向下吸合，这时动触桥也被拉向下端，因此原来闭合的常闭触头就被分断，而原来处于分断的常开触头就转为闭合，从而控制吸引线圈的通电和断电，使接触器的触头由分断转为闭合或由闭合转为分断的状态，最终达到控制电路通断的目的。

接触器的图形符号如图 3-46 所示。

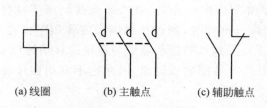

(a) 线圈　　　(b) 主触点　　　(c) 辅助触点

图 3-46　接触器的图形符号

3. 继电器

继电器是一种根据特定形式的输入信号（如电流、电压、转速、时间和温度等）的变化而发生动作的自动控制电器。它与接触器不同的是，继电器主要用于反映控制信号，其触点通常接在控制电路中。

（1）中间继电器。

中间继电器本质上是电压继电器，具有触头多（6 对或更多）、触头能承受的电流大（额定电流 $5\sim10\mathrm{A}$）、动作灵敏（动作时间小于 $0.05\mathrm{s}$）等特点。

中间继电器因其具有触点对数比较多的特点而主要用于进行电路的逻辑控制或实现触点转换与扩展的电路中。

中间继电器的图形符号如图 3-47 所示。

（2）时间继电器。

时间继电器是一种在电路中起着控制动作时间的继电器。当时间继电器的敏感元件获得信号后,要经过一段时间,其执行元件才会动作并输出信号。

时间继电器按其动作原理与构造的不同,可分为电磁式、空气阻尼式、电动式、晶体管式等类型。

时间继电器的图形符号如图 3-48 所示。

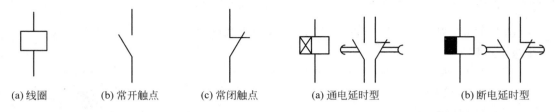

(a) 线圈　　　(b) 常开触点　　　(c) 常闭触点　　　　　　(a) 通电延时型　　　　　　(b) 断电延时型

图 3-47　中间继电器的图形符号　　　　　　图 3-48　时间继电器的图形符号

3.4.5 随堂练习

绘制基本开关控制和保护器件的图形符号,如表 3-4 所示,并保存为图块。

表 3-4　开关控制和保护器件符号

类别	名 称	图形符号	文字符号
开关	单极控制开关		SA
	手动开关一般符号		SA
继电器	延时闭合的常开触点		KT
	延时闭合的常闭触点		KT
位置开关	常开触点		SQ
	常闭触点		SQ

3.5 测量仪表和信号器件

3.5.1 案例介绍及知识要点

绘制防水防尘灯的图形符号,并保存成图块,如图 3-49 所示。

【知识点】

(1) 测量仪表和信号器件符号的绘制。

(2) 传感器的基本概念。

(3) "构造线"命令。

(4) "打断"命令。

(5) "图案填充"命令。

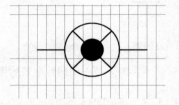

图 3-49 防水防尘灯图形符号

3.5.2 操作步骤

步骤一:新建文件

利用建立的 A3 样板文件新建图形。

步骤二:绘制圆和圆内斜线

(1) 选择"元件层"图层。

(2) 执行圆命令,分别绘制直径为 15 和半径为 3 的两个圆。

(3) 单击"绘图"工具栏上的"构造线"按钮 ⊿,输入 A,按 Enter 键。输入构造线角度 45°,按 Enter 键。

(4) 单击,选择圆心为构造线的通过点,如图 3-50(a)所示。

(5) 执行构造线命令,同样方法,设置构造线角度为 135°,完成第 2 条线的绘制,如图 3-50(b)所示。

(6) 执行修剪命令,去掉多余直线,如图 3-50(c)所示。

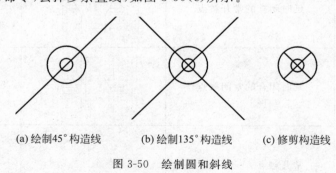

(a)绘制45°构造线   (b)绘制135°构造线   (c)修剪构造线

图 3-50 绘制圆和斜线

步骤三:打断两条斜线

(1) 单击"修改"工具栏上的"打断"按钮 ▢,选择 45°的斜线。

(2) 输入 F,按 Enter 键。

(3) 单击,分别选择斜线和半径为 3 的圆的两个交点,如图 3-51(a)所示。

(4) 执行打断命令,同样方法完成另一条斜线的绘制,如图 3-51(b)所示。

(a) 打断45°斜线　　　　　　　(b) 打断135°斜线

图 3-51　打断两条斜线

步骤四：填充圆，完成剩余部分

（1）单击"绘图"工具栏上的"图案填充"按钮 ，出现"图案填充和渐变色"对话框，如图 3-52 所示。

图 3-52　"图案填充和渐变色"对话框

（2）单击"图案"下拉列表后的按钮 …，出现"填充图案选项板"对话框，如图 3-53 所示。打开"其他预定义"选项卡，选择 SOLID 图案，单击"确定"按钮。

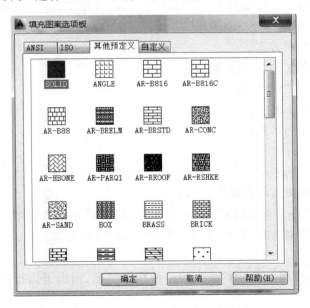

图 3-53　"填充图案选项板"对话框

（3）单击"添加拾取点"按钮 ▣，选择要填充的圆，按 Enter 键，出现"图案填充和渐变色"对话框，单击"确定"按钮。

（4）执行直线命令，选择象限点，分别绘制两条水平线。

步骤五：保存为图块

在命令行输入 wblock，保存名为"防水防尘灯"的图块。

3.5.3　步骤点评

1. 对于步骤二：构造线命令

XLINE 命令可以画无限长任意角度的构造线。利用它能直接画出水平方向、垂直方向和倾斜方向的直线。作图过程中采用此命令画定位线或绘图辅助线是很方便的。

（1）启动构造线命令的方式。

- 菜单命令："绘图(D)"|"构造线(T)"。
- "绘图"工具栏："构造线"按钮 ✓。
- 命令行输入：xline。

（2）执行构造线命令的步骤。

① 执行命令。

② 根据命令行提示选择命令选项，按 Enter 键。

③ 单击，选择通过点。

（3）选项说明。

① 水平(H)：画水平方向直线。

② 垂直(V)。画竖直方向直线。

③ 二等分(B)：绘制一条平分已知角度的直线。

④ 偏移(O)：可输入一个偏移距离来绘制平行线，或指定直线通过的点来创建新平行线。

2. 对于步骤三：打断命令

（1）启动打断命令的方式。

- 菜单命令："修改(M)"|"打断(K)"。
- "修改"工具栏："打断"按钮 ▣。
- 命令行输入：break。

（2）执行打断命令的步骤。

① 执行命令。

② 输入 F，按 Enter 键。

③ 单击，分别选择被打断对象上的两个点。

执行打断命令，将一个对象打断为两个对象，对象之间可具有间隙，也可将对象上指定两点之间的部分删除。当指定的两点相同时，两对象之间没有间隙。

（3）关于"打断于点"命令。

"打断于点" ▣ 命令属于"打断"命令的一种特殊情况，相当于执行打断命令时，指定的两点相同的情况。

例如，绘制如图 3-54(a)所示的图形。

① 选择"粗实线"图层，执行直线命令，绘制水平线和垂直线。

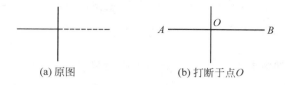

(a) 原图   (b) 打断于点 O

图 3-54 绘制直线

② 单击"修改"工具栏"打断于点"按钮 ☐，选择 AB 直线，单击鼠标选择 O 点，则将此线段变成了 AO、OB 两段，如图 3-54(b)所示。

③ 选择 OB 线段，转换图层即可。

提示：完整的圆不能执行"打断于点"命令，因为没有 360°的圆弧。同样，封闭的样条曲线也不能执行该命令。

3. 对于步骤四：图案填充命令

在工程设计中，经常要把某种图案（如机械设计中的剖面线、建筑设计中的建筑材料符号）填入某一指定的区域，这属于图案填充。

执行图案填充命令后，出现"图案填充和渐变色"对话框，如图 3-55 所示，在此对话框中可以设置要确定的三个内容：填充的图案、填充的区域、图案填充的方式。

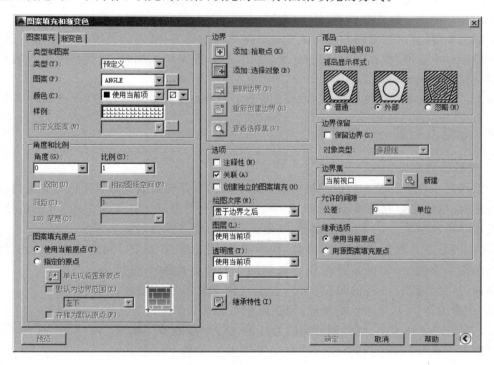

图 3-55 "图案填充和渐变色"对话框

(1)"类型和图案"选项组。

AutoCAD 提供了实体填充及多种行业标准填充图案，可选择所需的图案。

(2)"角度和比例"选项组。

① 角度：指定填充图案的角度。例如，机械制图规定剖面线倾角为 45°或 135°，若选用图案 ANSI31，应设置该值为 0。

② 比例：用于放大或缩小预定义图案，以设置图案图线的间距，保证不同零件剖面线的不同。

（3）"边界"选项组。

可以从多个方法中进行选择以指定图案填充的边界。

① "添加：拾取点" ⊞：指定对象封闭的区域中的点。单击该按钮，系统临时关闭对话框，可以直接单击要填充的区域，这种方式默认确定填充边界要求图形必须是封闭的。

② "添加：选择对象" ▩：选择封闭区域的对象。根据构成封闭区域的选定对象确定边界。单击该按钮，系统临时关闭对话框，可根据需要选择对象，构成填充边界。

（4）"选项"选项组。

① 注释性：可以在打印中或在屏幕上显示不同比例的填充图案。

② 关联：控制图案填充或填充的关联。关联的图案填充若修改其边界时，图案将随边界更新而更新。

③ 创建独立的图案填充：当同时确定几个独立的闭合边界时，图案是一个对象。通过创建独立的图案填充将图案变为各自独立的对象，相当于分别填充，得到各自的对象。

（5）"孤岛"选项组。

"孤岛"选项组用于填充区域内部的封闭区域。孤岛内的封闭区域也是孤岛，孤岛可以相互嵌套。孤岛的显示样式有普通、外部、忽略。

图案填充后，有时需要修改图案填充或图案填充的边界，可以选择填充图案后右击，在弹出的快捷菜单中选择"编辑图案填充"命令，在出现的"图案填充编辑"对话框中进行删除边界和重新创建边界的编辑。

提示：同一视图可采用一次性填充，且关联；不同视图其设置要相同，但要分别填充。

3.5.4 总结及拓展——传感器

1. 传感器的定义

传感器是一种能把特定的被测量信息按照一定的规律转换成某种可用信号并进行输出的器件和装置，以满足信息的传输、处理、记录、显示、控制等要求。这里所谓的"可用信号"是指易于处理和传输的信号，一般为电信号，如电压、电流、电阻、电容、频率等。

通常，传感器又称为变换器、转换器、检测器、敏感元件、换能器。这些不同的提法，反映了在不同的技术领域中，根据器件的用途使用同一类型器件的不同技术。例如，从仪器仪表学科的角度强调，它是一种感受信号的装置，所以称为"传感器"；从电子学的角度，则强调它是能感受信号的电子元件等；在超声波技术中，则强调的是能力转换，称为"换能器"，如压电式换能器。这些不同的名称在大多数情况下并不矛盾。例如，热敏电阻即可以称为"温度传感器"，也可以称为"热敏元件"。

2. 传感器的组成

当前，由于电子技术、微电子技术、电子计算机技术的迅速发展，使电学量有了易于处理、便于测量等特点。因此，传感器一般由敏感元件、转换元件和变换电路3部分组成，有时还有辅助电源，其典型组成如图3-56所示。

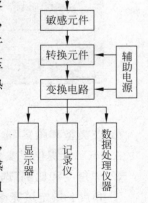

图3-56 传感器的组成

3. 传感器的分类

（1）根据工作原理分类。

传感器可分为物理传感器和化学传感器两大类。物理传感器诸如压电效应，磁致伸缩现象，离化、极化、热电、光电、磁电等效应。化学传感器包括那些以化学吸附、电化学反应等现象为因果关系的传感器。

（2）按用途分类。

传感器可分为压力敏和力敏传感器、位置传感器、液面传感器、能耗传感器、速度传感器、热敏传感器、加速度传感器、射线辐射传感器、振动传感器、湿敏传感器、磁敏传感器、气敏传感器、真空度传感器、生物传感器等。

（3）以输出信号为标准分类。

传感器可以分为模拟传感器、数字传感器、膺数字传感器和开关传感器。

3.5.5　随堂练习

绘制常用测量仪表和信号器件的图形符号，如表 3-5 所示，并保存成图块。

表 3-5　测量仪表和信号器件符号

名称	图形符号	文字符号
蜂鸣器		H
电压表		P
电铃		HA
热电偶		TR
信号灯		HL

3.6　电能发生和转换

3.6.1　案例介绍及知识要点

绘制交流电机的图形符号并保存成图块，如图 3-57 所示。

【知识点】

（1）电能发生和转换的基本概念。

图 3-57　交流电机图形符号

（2）电能发生和转换设备符号的绘制。

（3）"样条曲线"命令。

3.6.2   操作步骤

步骤一：新建文件

利用建立的 A3 样板文件新建图形。

步骤二：绘制圆并书写文字

（1）选择"元件层"图层。

（2）执行圆命令，绘制一个直径为 15 的圆。

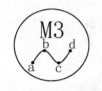

（3）执行多行文字命令，设置字高为 8，书写 M3。

步骤三：绘制曲线

单击"绘图"工具栏上的"样条曲线"按钮 $\sim$，分别选取 a、b、c、d 四个点，如图 3-58 所示，按 Enter 键。

步骤四：保存为图块

在命令行输入 wblock，保存名为"交流电机"的图块。

图 3-58   绘制样条曲线

3.6.3   步骤点评

对于步骤三：样条曲线命令

（1）启动样条曲线命令的方式。

- 菜单命令："绘图（D）"|"样条曲线（S）"|"拟合点（F）"。
- "绘图"工具栏："样条曲线"按钮 $\sim$。
- 命令行输入：spline。

（2）执行样条曲线命令的步骤。

① 执行命令。

② 依次选择要拟合的点，按 Enter 键。

样条曲线是经过或接近一系列给定点的光滑曲线，用户可以控制曲线与点的拟合程度。可以通过指定点来创建样条曲线，也可以封闭样条曲线，使起点和端点重合。在绘制样条曲线时，可以改变样条曲线的拟合公差来查看效果。

提示：若样条曲线的位置和形状不符合要求，可用夹点编辑的方式，移动夹点的位置来调整曲线的形状。

对于步骤三绘制的曲线，也可以通过"多行文字"命令，在"文字格式"对话框中的书写区域内输入字符"～"来完成。

3.6.4   总结及拓展——电能的发生与转换

电源是电厂相关电气绘图中常用的电气元件符号，用来表示电能产生方式或种类的电气元件，在电路中起到"源"的作用。转换设备主要包括两种，一种是将电压进行改变的变压器元件；另一种是将电能转换成机械能的电动器元件。电能的发生和转换设备包括发电机、电动机、变压器等。

1. 变压器

变压器在电路中可以变换电压、电流和阻抗,起传输能量和传递交流信号的作用。变压器是利用互感原理制成的。

变压器的种类很多。在电子电路中一般按用途把变压器分为调压变压器、电源变压器、低频变压器、中频变压器、高频变压器、脉冲变压器等。常见的高频变压器包括电视接收机中的天线阻抗变压器、收音机中的天线线圈和振荡线圈。常见的中频变压器包括超外差式收音机中的中频放大电路用的变压器、电视机中音频放大电路用的变压器。常见的低频变压器包括输入变压器、输出变压器、线圈变压器、耦合变压器等。

电子电路中常见变压器的图形符号如图 3-59 所示。

(a) 高频变压器   (b) 低频变压器   (c) 自耦变压器

图 3-59   常见变压器图形符号

2. 三相异步电动机

三相异步电动机又称三相感应电动机,主要由静止部分(定子)和旋转部分(转子)组成。转子装在定子当中,相互间留有一定的空隙。

三相异步电动机按转子结构的不同分成线绕式和鼠笼式两种基本类型。两者定子相同,转子不同。

鼠笼式和线绕式异步电动机的定子构造都是由定子铁芯和定子三相绕组等构成的。机座由铸铁铸成。机座内装有 0.5mm 厚硅钢片迭成的定子铁芯,定子铁芯内圆周表面上均匀地分布着许多与轴平行的槽,槽内嵌绕组,绕组与铁芯之间相互绝缘。

鼠笼式转子绕组是在转子铁芯槽内放入裸铜条,两端由两个铜环焊接成通路,也可在转子铁芯槽中铸铝。线绕式转子绕组和定子绕组相似,但三相绕组固定为星形连接,三根端线连接到电机轴一端的铜环上,环与环之间、滑环与轴之间相互绝缘。

3.6.5   随堂练习

绘制常用电能发生和转换设备的图形符号,如表 3-6 所示,并保存成图块。

表 3-6   电能的发生和转换设备符号

类别	名 称	图形符号	文字符号
变压器	单相变压器		TC
发电机	发电机		G

续表

类别	名　称	图形符号	文字符号
电动机	直线电动机	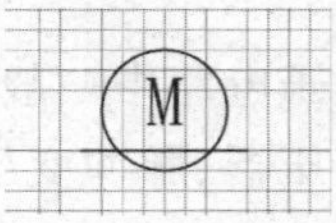	M
	步进电动机	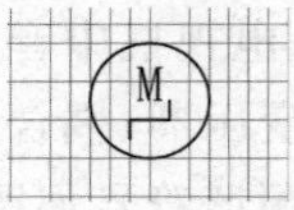	M
	三相笼型异步电动机	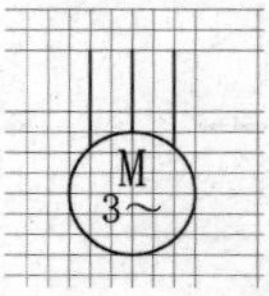	M

3.7　上机练习

绘制常用电气元件的图形符号，如表 3-7 所示，并保存成图块。

表 3-7　常用电气元件符号

类　　别	名　称	图形符号	文字符号
开关	三极控制开关	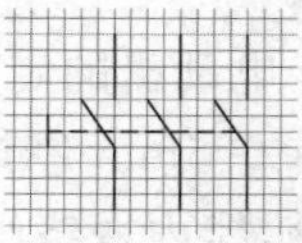	QS
	三极隔离开关	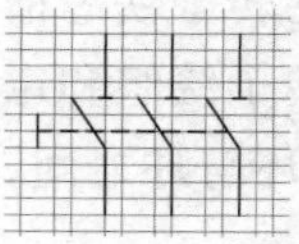	QS
	三极负荷开关	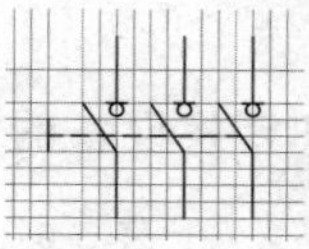	QS
	组合旋钮开关	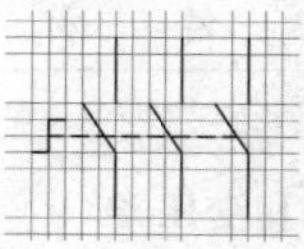	QS
	低压断路器	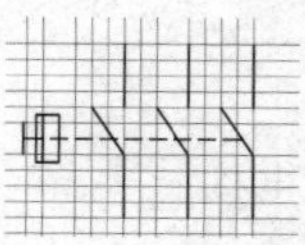	QF

类 别	名 称	图 形 符 号	文 字 符 号
接触器	线圈操作器件		KM
	常开辅助触点		KM
	常闭辅助触点		KM
位置开关	复合触点		SQ
时间继电器	通电延时吸合线圈		KT
	断电延时缓放线圈		KT
	瞬时断开的常开触点		KT
	瞬时闭合的常开触点		KT
	延时断开的常开触点		KT
	延时断开的常闭触点		KT
非电量控制的继电器	速度继电器常开触点		KS
	压力继电器常开触点		KP

续表

类　　别	名　　称	图 形 符 号	文字符号
熔断器	熔断器		FU
磁铁操作器	电磁铁的一般符号		YA
	电磁吸盘		YH
	电磁离合器		YC
	电磁制动器		YB
	电磁阀		YV
电动机	三相绕线转子异步电动机		
	他励直流电动机		M
	并励直流电动机		M
	串励直流电动机		M
按钮	常开按钮开关		SB
	常闭按钮开关		SB
	复合按钮开关		SB
	急停按钮开关		SB
	钥匙操作式按钮开关		SB

续表

类 别	名 称	图 形 符 号	文字符号
热继电器	热元件		FR
	常闭触点		FR
电流继电器	过电流线圈		KA
	欠电流线圈		KA
电压继电器	过电压线圈		KV
	欠电压线圈		KV
变压器	三相变压器		TM
接线器	接头和插座		X 插头
互感器	电流互感器		TA
	电压互感器		TV
电抗器	电抗器		L

第 4 章

电气文本与尺寸标注

在电气图形中,除了要绘制图形外,对图形进行文字说明也是必不可少的。因为一些信息是图形所不能表达的,所以很多地方要用到文字注释,如图纸目录、前言及电气施工说明等。

尺寸标注对表达有关设计元素的尺寸、材料等信息非常重要,反映图形对象的真实大小和相互的位置关系,是安装和接线的依据。

4.1 设置文字样式

4.1.1 案例介绍及知识要点

设置以下文字样式(使用大字体 gbcbig. shx):

(1) 样式名为数字,字体名为 Gbeitc. shx,文字宽度系数为 1,文字倾斜角度为 0。

(2) 样式名为汉字,字体名为 Gbenor. shx,文字宽度系数为 1,文字倾斜角度为 0。

【知识点】

(1) 国家标准对文字标注方面的规定。

(2) 文字样式设置方法。

4.1.2 操作步骤

步骤一:打开样板文件

单击"打开"按钮 ☒,出现"选择文件"对话框,选择"文件类型"为"图形样板(＊ . dwt)",将已建立的 A3 样板文件打开。

步骤二:建立"数字"文字样式

(1) 选择"格式"|"文字样式"命令或单击"格式"工具栏"文字样式管理器"按钮 ☒,出现"文字样式"对话框,如图 4-1 所示。

(2) 在"样式"列表框中选择 Standard 文字样式,单击"新建"按钮,弹出"新建文字样式"对话框,在"样式名"文本框中输入"数字",单击"确定"按钮,返回"文字样式"对话框。

(3) 在"字体"组,从"字体"列表中选择 gbeitc. shx 选项。

(4) 选中"使用大字体"复选框。

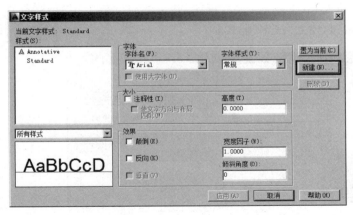

图 4-1　添加新样式

（5）从"大字体"列表中选择 gbcbig. shx 选项。

（6）在"大小"组中，选中"注释性"复选框。

（7）在"效果"组的"宽度因子"文本框中输入 1。

（8）在"倾斜角度"文本框中输入 0。

如图 4-2 所示，单击"应用"按钮，建立"数字"样式。

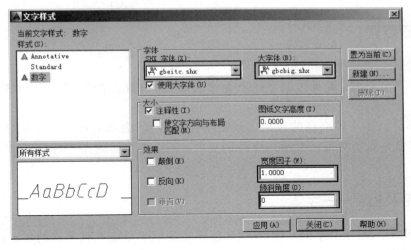

图 4-2　设置"数字"文字样式

提示：字体高度不设置。

步骤三：建立"汉字"文字样式

（1）在"文字样式"对话框中，单击"新建"按钮，弹出"新建文字样式"对话框，在"样式名"文本框中输入汉字，单击"确定"按钮，返回"文字样式"对话框。

（2）在"字体"组中，从"字体"列表中选择 gbenor. shx 选项。

（3）选中"使用大字体"复选框。

（4）从"大字体"列表中选择 gbcbig. shx 选项。

（5）在"大小"组中，选中"注释性"复选框。

（6）在"效果"组的"宽度因子"文本框中输入 1。

(7) 在"倾斜角度"文本框中输入 0。

如图 4-3 所示,单击"应用"按钮,建立"汉字"样式。

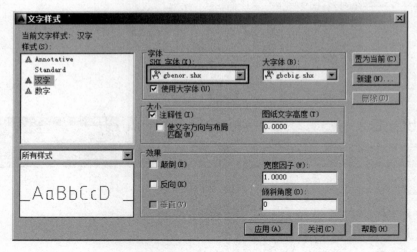

图 4-3   设置"汉字"文字样式

步骤四：保存样板文件

单击"保存"按钮,选择文件类型为"图形样板(＊.dwt)",保存文件名为 A3 的样板文件。

4.1.3   步骤点评

对于步骤二：关于文字样式

(1) 文字样式选择,若所选的字体前面带符号@时,标注的文字向左旋转 90°,即字头向左。

(2) 字体样式中字体高度的设定。设定字体的高度,表示此样式下任何字都确定了高度,执行文字命令时不再询问要输入字体的高度；不设定字体的高度,则询问要输入字体的高度。

4.1.4   总结及拓展——字体

在电气制图中,对于文字的字体、高度和斜体字的倾斜角度都有明确的规定,工程人员在绘制图形时,应注意使标注的文字达到标准,严格对字体进行控制。

AutoCAD 中提供的字体是矢量字体,在进行放大和缩小时不会发生变化。AutoCAD 字体文件的扩展名为 SHX,并分为小字体(用于标注西文字体)和大字体(用于标注亚洲语言文字)两种。

国家标准《CAD 制图统一标准规则 GB/T8112—2000》在 4.3 条中的规定如下。

(1) 图样中汉字、字符和数字应做到排列整齐、清楚正确,尺寸大小协调一致。汉字、字符和数字并列书写时,汉字字高略高于字符和数字字高。

(2) 汉字宜采用国家标注规定的矢量汉字,其标准和文件名如表 4-1 所示。

(3) 汉字编码采用 GB2312—1980《信息交换用汉字编码字符集基本集》和 GB13000.1—1993《信息技术通用八位编码字符集(UCS)第一部分：体系结构与基本多文种平面》。

(4) 汉字的高度应不小于 2.5mm,字母与数字的高度应不小于 1.8mm。

表 4-1 矢量汉字

汉字	国 家 标 准	形文件名
长仿宋字	GB/T 13362.4～13362.7—1002	HZCF. *
单线宋体	GB/T 13384—1993	HZDK. *
宋体	GB/T 13847—1993	HZST. *
仿宋体	GB/T 13846—1993	HZFS. *
楷体	GB/T 13847—1993	HZKT. *
黑体	GB/T 13848—1993	HZHT. *

（5）图及说明中的汉字应采用长仿宋体。大标题、图册封面、目录、图名、标题栏中设计单位名称、工程名称、地形图等的汉字，可选表 4-1 中的汉字。

（6）汉字的最小行距不小于 2mm，字符与数字的最小行距应不小于 1mm。当汉字与字符、数字混合使用时，最小行距等应根据汉字的规定使用。

（7）各专业中所需的常用字符与代号在表 4-1 中未含有的，应遵照国家相关标准，建立相应的形文件。

根据国标规定以及 AutoCAD 提供的文字样式，一般推荐在样板文件中建立使用大字体和不使用大字体两种文字样式，具体文字样式如表 4-2 所示。

表 4-2 文字样式的推荐设置

样 式 名		字 体 名	文字宽度系数	文字倾斜角度
不使用大字体	数字	isocp. shx 或 romanc. shx	0.7	15
	汉字	仿宋 GB_2312 或仿宋	0.7	0
		长仿宋字	1	
使用大字体 gbcbig. shx	数字（大）	Gbeitc. shx	1	0
	汉字（大）	Gbenor. shx	1	0

4.1.5 随堂练习

将建立的其他样板文件都增加文字的样式，包括使用大字体和不使用大字体两种。

4.2 标注文字

4.2.1 案例介绍及知识要点

打开已建立的 A3 样板文件，在图框右下角绘制书写如图 4-4 所示的标题栏。

【知识点】

（1）"多行文字"命令。

（2）"单行文字"命令。

（3）"复制"命令。

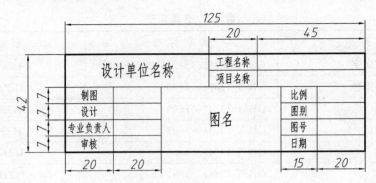

图 4-4　标题栏

4.2.2　操作步骤

步骤一：打开样板文件

单击"打开"按钮🖿，出现"选择文件"对话框，选择文件类型为"图形样板（＊.dwt）"，将已建立的 A3 样板文件打开。

步骤二：绘制标题栏框

（1）选择"粗实线"层，绘制外框。

（2）选择"细实线"层，绘制里面的线段，建议采用偏移命令。

（3）执行修剪命令，完成标题栏内图线的绘制，如图 4-5 所示。

步骤三：添加文字

（1）单击"样式"工具栏上的"文字样式控制"下拉箭头，选择"汉字"为当前样式。

（2）单击"绘图"工具栏上的"多行文字"按钮 **A**，在写字区域内选择第一角点，再单击选取区域内第二角点，如图 4-6 所示。

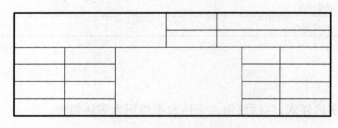

图 4-5　标题栏框

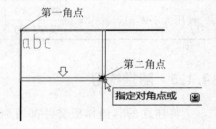

图 4-6　指定写字范围

（3）打开"文字格式"对话框，选择"正中"对齐方式，如图 4-7 所示。

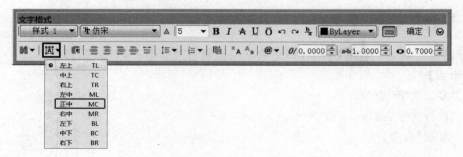

图 4-7　设置对齐方式

（4）输入"制图"，如图 4-8 所示，单击"确定"按钮。

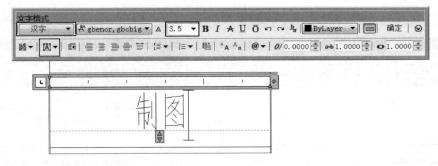

图 4-8　输入文字

步骤四：复制文字

单击"修改"工具栏上的"复制"按钮 ，选择"制图"两字，按 Enter 键，拾取"制图"所在长方格的左下角点为基点，垂直向下移动光标，复制 3 个"制图"，如图 4-9 所示。

步骤五：编辑文字

双击第二个"制图"，出现"文字格式"对话框，将"制图"两字改为"设计"。按照同样方法，将另外"制图"两字分别改为"专业负责人"和"审核"。

步骤六：输出其他文字

按照同样方法完成其他文字的输入。

步骤七：保存样板文件

单击"保存"按钮，选择文件类型为"图形样板（ ＊.dwt）"，保存文件名为 A3 的样板文件。

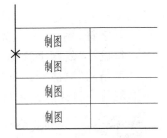

图 4-9　复制文字

4.2.3　步骤点评

1. 对于步骤三：多行文字命令

（1）启动多行文字命令的方式。

- 菜单命令："绘图（D）"｜"文字（X）"｜"多行文字（M）"。
- "绘图"工具栏："多行文字"按钮 **A**。
- 命令行输入：mtext 或 mt。

（2）执行多行文字命令的步骤。

① 执行命令。

② 指定两个对角点确定文字位置。

③ 弹出"文字格式"对话框，如图 4-10 所示。

④ 在文字输入区域输入汉字、符号、编号等，单击"确定"按钮结束。

- 关于符号按钮 ：单击"文字格式"对话框中符号按钮 ，出现下拉菜单，如图 4-11 所示。
- 其中选项"其他"：选择该选项，系统打开"字符映射表"对话框。在此对话框的"字体"下拉列表中选取字体，则显示所选字体包含的各种字符，如图 4-12 所示。若要插入一

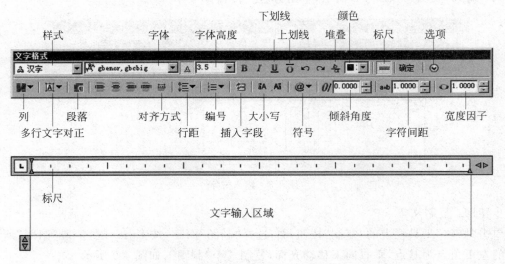

图 4-10 "文字格式"对话框

个字符,例如"×",先找到它并单击,再单击"选择"按钮,此时 AutoCAD 将选取的字符放在"复制字符"文本框中,再单击"复制"按钮,关闭"字符映射表"对话框,返回"文字格式"对话框。在"文本输入框"中右击,从弹出的快捷菜单中选择"粘贴"命令,这样就将字符插入到多行文字中了。

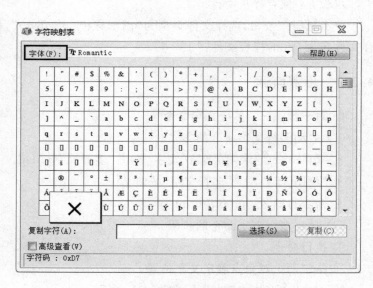

图 4-11 "符号"下拉菜单   图 4-12 "字符映射表"对话框

(3) 多行文字命令的说明。

在文字输入区域,还可以进行各种编辑。例如,在文字输入区域右击,在弹出的快捷菜单中选择"输入文字"命令,在弹出的"选择文件"对话框中找到已编辑好的文本文件(* .txt),单击"打开"按钮,即可将文本文件的内容输入到"文本输入框"中。

2. 对于步骤四：复制命令

（1）启动复制命令的方式。

- 菜单命令："修改（M）"|"复制（Y）"。
- "修改"工具栏："复制"按钮 。
- 命令行输入：copy。

（2）执行复制命令的步骤。

① 执行命令，选择要复制的对象，按 Enter 键。

② 指定要复制对象的基点。

③ 单击要放置复制对象的位置，可以多次复制，直至按 Enter 键完成。

3. 对于步骤五：文字编辑

可以选择"修改（M）"|"对象（O）"|"文字（T）"|"编辑（E）"命令来修改文字，详见第 7 章。

4.2.4　总结及拓展——单行文字命令

在 AutoCAD 中，根据不同的需要提供单行文字和多行文字两种输入方式。

1. 启动单行文字命令的方式

- 菜单命令："绘图（D）"|"文字（X）"|"单行文字（S）"。
- 命令行输入：text 或 dt。

2. 执行单行文字命令的步骤

（1）执行命令。

（2）指定文字的起点。

（3）指定高度。

（4）指定文字的旋转角度。

在绘图区弹出的文本框内输入文字，按 Enter 键换行，再按 Enter 键结束。

关于选项"对正（J）"：

"对正（J）"是用来确定文本的对齐方式。对齐方式决定文本的哪一部分与所选的插入点对齐。执行此选项，AutoCAD 提示：

输入选项[左(L)/居中(C)/右(R)/对齐(A)/中间(M)/布满(F)/左上(TL)/中上(TC)/右上(TR)/左中(ML)/正中(MC)/右中(MR)/左下(BL)/中下(BC)/右下(BR)]:

其中：

- 对齐（A）：使用这个选项时，系统提示指定文本分布的起始点和结束点，然后在这个范围内按适当比例放入文字，包括宽度和高度。
- 布满（F）：使用这个选项时，系统提示指定文本分布的起始点、结束点以及文本高度，然后按适当比例改变宽度，在这个区域内放入文字，高度不变化。

3. 关于单行文字命令的说明

用 TEXT 命令可以创建一个或若干个单行文本，也就是说用此命令可以标注多行文本。在"输入文字："提示下输入一行文本后按 Enter 键，可继续输入第二行文本。以此类推，直到文本全部输入完，再在此提示下直接按 Enter 键，结束文本输入命令。每一次按 Enter 键就结束一个单行文本的输入。每一个单行文本都是一个对象，可以单独修改其文本样式、字高、旋转角度、对齐方式等。

用 TEXT 命令创建文本时,在命令行中输入的文字将同时显示在屏幕上,而且在创建过程中可以随时改变文本的位置。只要将光标移到新的位置并单击,则当前行结束,随后输入的文本将出现在新的位置上。用这种方法可以把多行文本标注到屏幕的任何地方。

4. 在单行文字中加入特殊字符

当输入文字时,经常会遇到一些特殊符号。由于这些符号不能直接从键盘上输入,AutoCAD 提供了一些控制码,可使用标准 AutoCAD 文字字体和 Adobe PostScript 字体的控制代码％％nnn 来实现这些要求。具体符号和代码示例如表 4-3 所示。

表 4-3　文字控制代码

输入符号	控制代码	键盘输入示例	显示样式
上画线	％％O	％％OAutoCAD％％O2014	AutoCAD2014
		％％OAutoCAD2014	AutoCAD2014
下画线	％％U	％％UAutoCAD％％U2014	AutoCAD2014
		％％UAutoCAD2014	AutoCAD2014
上下画线	％％O％％U	％％O％％UAutoCAD2014	AutoCAD2014
角度符号(°)	％％D	60％％D	60°
直径符号(ϕ)	％％C	％％C100	ϕ100
公差符号(±)	％％P	％％P0.012	±0.012

4.2.5　总结及拓展——堆叠

完成如图 4-13 所示的文字标注。

操作步骤:

(1) 单击"绘图"工具栏上的"多行文字"按钮 **A**,弹出"文字格式"对话框。

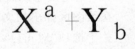

图 4-13　文字标注

(2) 在文字输入区域输入 Xa^(空格)＋Y(空格)^b,如图 4-14所示。

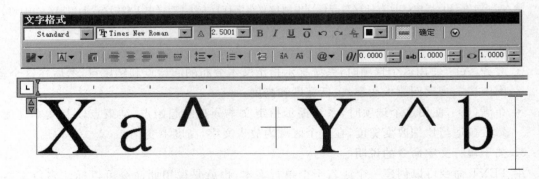

图 4-14　文字输入

(3) 选择"a^(空格)"单击"堆叠"按钮,选择"(空格)^b"单击"堆叠"按钮,如图 4-15所示。

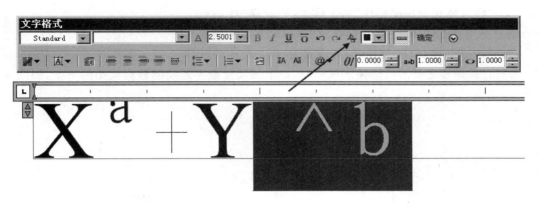

图 4-15　完成文字标注

4.2.6　随堂练习

绘制锂电池保护电路图,完成文字注释,如图 4-16 所示。

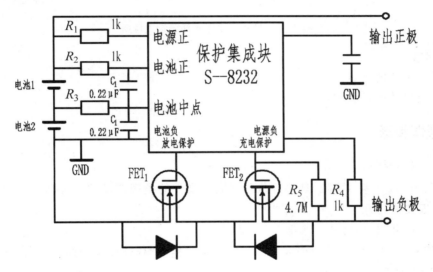

图 4-16　锂电池保护电路图

4.3　设置尺寸标注样式

4.3.1　案例介绍及知识要点

打开已建立的 A3 样板文件,建立如下的尺寸标注样式。

(1)"电气样式"父样式,即建立标注的基础样式,其设置为:

将"基线间距"内的数值改为 7,"超出尺寸线"内的数值改为 2.5,"起点偏移量"内的数值改为 0,"箭头大小"内的数值改为 3,弧长符号选择"标注文字的上方",将"文字样式"设置为已经建立的"数字"样式,"文字高度"内的数值改为 3.5,将"小数分隔符"改为句点,其他选用默认选项。

（2）"电气样式→角度标注"的子样式,其设置为:

建立电气样式的子尺寸,在标注角度时,尺寸数字是水平的。

（3）"2∶1 比例标注"父样式,其设置为:

在标注除角度之外的其他任何尺寸时,显示的尺寸数字是绘制数据大小的一半,如图 4-17所示。

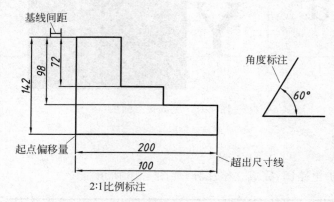

图 4-17　尺寸标注样式部分选项说明

【知识点】

（1）尺寸标注的规定。

（2）各类尺寸的设置要求。

4.3.2　操作步骤

步骤一:打开样板文件

单击"打开"按钮 📂 ,出现"选择样板"对话框,文件的类型选择"图形样板(＊.dwt)",将建立的 A3 样板文件打开。

步骤二:打开"标注样式管理器"对话框

选择"格式"|"标注样式"命令或单击"样式"工具栏上"标注样式管理器"按钮 📐 ,出现"标注样式管理器"对话框。

步骤三:创建"电气样式"父样式

（1）新建样式。

① 单击"新建"按钮,出现"创建新标注样式"对话框。

② 在"新样式名"文本框中输入"电气样式";

③ 从"基础样式"下拉列表框选择 ISO-25 选项。

④ 选中"注释性"复选框。

⑤ 从"用于"下拉列表框选择"所有标注"选项。

如图 4-18 所示,单击"继续"按钮,出现"新建标注样式:电气样式"对话框。

（2）设置尺寸线,如图 4-19 所示。

① 打开"线"选项卡,在"尺寸线"组的"基线间距"文本框中输入 7。

② 在"尺寸界线"组的"超出尺寸线"文本框中输入 2.5。

③ 在"起点偏移量"文本框中输入 0。

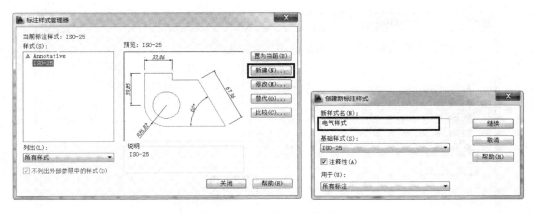

图 4-18　创建新标注样式

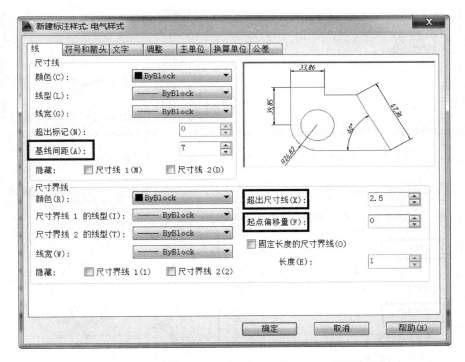

图 4-19　"新建标注样式：电气样式"对话框——"线"选项卡

（3）设置符号和箭头，如图 4-20 所示。

① 打开"符号和箭头"选项卡，在"箭头"组，所有箭头均从下拉列表框中选择"实心闭合"选项。

② 在"箭头大小"文本框中输入 3。

③ 在"弧长符号"组中，选择"标注文字的上方"单选按钮。

（4）设置文字，如图 4-21 所示。

① 打开"文字"选项卡，在"文字外观"组的"文字样式"下拉列表框中选择"数字"选项。

② 在"文字高度"文本框中输入 3.5。

（5）设置主单位。

打开"主单位"选项卡，在"线性标注"组的"小数分隔符"下拉列表框中选择"'.'（句点）"选

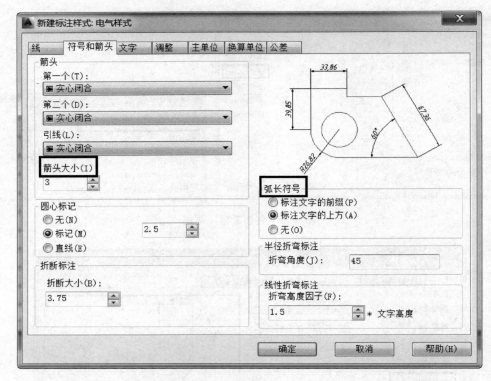

图 4-20　"新建标注样式：电气样式"对话框——"符号和箭头"选项卡

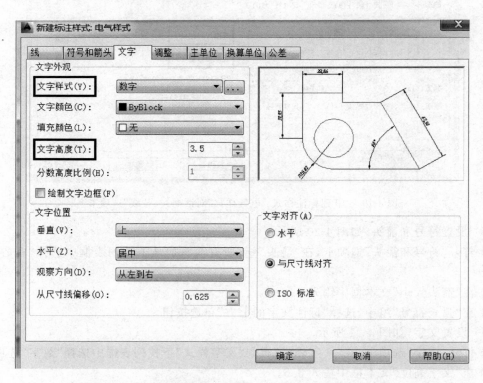

图 4-21　"新建标注样式：电气样式"对话框——"文字"选项卡

项,如图 4-22 所示。

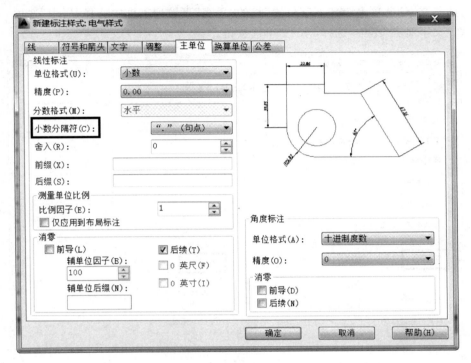

图 4-22　"新建标注样式:电气样式"对话框——"主单位"选项卡

(6) 单击"确定"按钮。

步骤四:创建"电气样式"父样式的"角度"标注子样式

(1) 新建样式。

① 单击"新建"按钮,出现"创建新标注样式"对话框。

② 在"基础样式"下拉列表框中选择"电气样式"选项。

③ 选中"注释性"复选框。

④ 在"用于"下拉列表框中选择"角度标注"选项。

如图 4-23 所示,单击"继续"按钮,出现"新建标注样式:电气样式:角度"对话框。

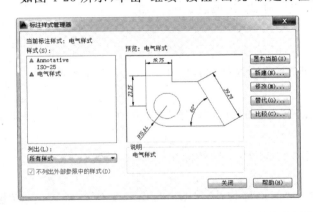

图 4-23　创建角度标注子样式

（2）设置文字，如图 4-24 所示。

① 打开"文字"选项卡，在"文字位置"组的"垂直"下拉列表框中选择"居中"选项。

② 在"文字对齐"组中，选择"水平"单选按钮。

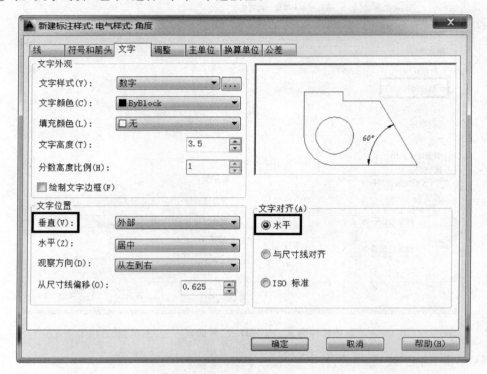

图 4-24　"新建标注样式：电气样式：角度"对话框——"文字"选项卡

（3）其他选项卡不变，单击"确定"按钮，完成"角度"子样式设置。

步骤五：创建"2∶1 比例标注"父样式

（1）新建样式。

① 单击"新建"按钮，出现"创建新标注样式"对话框。

② 在"新样式名"文本框中输入"2∶1 比例标注"。

③ 在"基础样式"下拉列表框中选择"电气样式"选项。

④ 选中"注释性"复选框。

⑤ 在"用于"下拉列表框中选择"所有标注"选项。

如图 4-25 所示，单击"继续"按钮，出现"新建标注样式：2∶1 比例标注"对话框。

（2）设置主单位。

打开"主单位"选项卡，在"测量单位比例"组中的"比例因子"文本框中输入 0.5，如图 4-26 所示。

（3）其他选项卡不变，单击"确定"按钮，完成"2∶1 比例标注"父样式设置。

步骤六：保存样板文件

单击"保存"按钮，选择保存文件类型为"图形样板（＊.dwt）"，保存文件名为 A3 的样板文件。

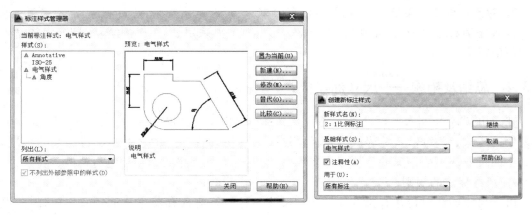

图 4-25 创建"2:1比例标注"的父样式

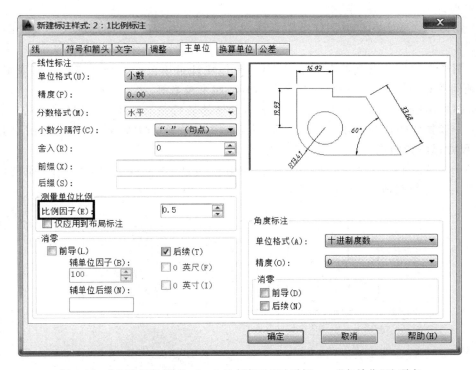

图 4-26 "新建标注样式:2:1比例标注"对话框——"主单位"选项卡

4.3.3 步骤点评

1. 对于步骤三:关于创建父样式与子样式的概念

在 AutoCAD 中,可根据不同用途设置多个尺寸标注父样式,配以不同的样式名。每个父样式又可分别针对不同类型的尺寸(半径、直径、线型、角度)进行进一步设置,即子样式。当采用某一父样式标注时,系统会根据不同的情况进行标注。

在"创建新标注样式"对话框的"用于"下拉列表框中选择"所有标注"选项,则建立一个父样式;如果选择用于除所有标注之外的其他标注类型,则建立的是子样式。若建立子样式,则不需要确定样式名称,而修改选择基础样式中的某一标注样式。

2. 对于步骤五：关于 2∶1 比例标注父样式

输入比例数值时，若是无理数，可以输入表达式；如采用 3∶1 比例绘制图形时，其输入的比例数值可为 1/3。

4.3.4　总结及拓展——尺寸标注样式

在 AutoCAD 中，尺寸标注样式（简称标注样式）用于设置尺寸标注的具体格式，如尺寸文字采用的样式、尺寸线、尺寸界线以及尺寸箭头的标注设置等。建立强制执行的绘图标准，以满足不同行业或不同国家的尺寸标注要求，并有利于对标注格式及用途进行修改。

1. 尺寸标注的规则

由于尺寸标注对传达有关设计元素的尺寸和材料等信息有着非常重要的作用，因此在对图形进行标注前，应先了解尺寸标注的组成、类型、规则、步骤等。一般在进行尺寸标注时应遵循以下规则：

（1）物体的真实大小应以图样上所标注的尺寸数值为依据，与图形的大小及绘图的准确度无关。

（2）图样中的尺寸以毫米为单位时，不需要标注计量单位的代号或名称。如采用其他单位则必须注明相应计量单位的代号或名称，如度、厘米及米等。

（3）图样中所标注的尺寸为该图样所表示物体的最后完工尺寸，否则应另加说明。

（4）一般物体的每个尺寸只标注一次，并应标注在最后反映该结构最清晰的图形上。

2. 尺寸标注的组成

在 AutoCAD 中，一个完整的尺寸标注一般由尺寸线、尺寸界线、标注文字（即尺寸数字）和尺寸箭头 4 部分组成，如图 4-27 所示。

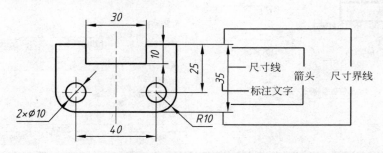

图 4-27　尺寸标注的组成

（1）标注文字。

标注文字是用于指示测量值的字符串。文字还包含前缀、后缀和公差。标注文字应按标准字体书写，同一图纸上的字高要一致。在图中遇到图线时需将图线断开，如果图线断开影响图形表达，则需要调整尺寸标注的位置。在标注直径时，应在尺寸数字前加注符号 ϕ；在标注半径时，应在尺寸数字前加注符号 R；在标注球面的直径或半径时，应在符号 ϕ 或符号 R 前加注符号 S。

（2）尺寸线。

尺寸线一般是一条线段，有时也可以是一条圆弧，用于指示标注的方向和范围。尺寸线用细实线绘制，不能用其他图线代替，一般也不得与其他图线重合或画在其延长线上。标注线性尺寸时，尺寸线必须与所标注的线段平行。当有几条互相平行的尺寸线时，大尺寸要标注在小尺寸外面,避免尺寸线与尺寸界线相交。在圆或圆弧上标注直径或半径尺寸时,尺寸线一般应通过圆心或其延长线通过圆心。

(3) 箭头。

箭头也称为终止符号,显示在尺寸线两端。可以为箭头或标记指定不同的尺寸和形状。

提示:这里的"箭头"是一个广义的概念,也可以是短画线、点或其他标记代替尺寸箭头。

(4) 尺寸界线。

尺寸界线表明尺寸的界线,由图样中的轮廓线、轴线或对称中心引出。标注时,尺寸界线由 AutoCAD 从对象上自动延伸出来。

3. 尺寸标注的类型

标注是向图形中添加测量注释的过程,用户可以为各种对象沿各个方向创建标注。

AutoCAD 提供了十余种标注工具以标注图形对象,分别位于"标注"菜单或"标注"工具栏中。使用它们可以进行角度、直径、半径、线型、对齐、连续、圆心、基线等标注。线型标注可以是水平、垂直、对齐、旋转、基线或连续。

其中,标注角度的数字,一律写成水平方向,一般应水平填写在尺寸线的中断处,如图 4-28(a)所示;必要时可以写在尺寸线的上方或外面,也可以引线标注,如图 4-28(b)所示。

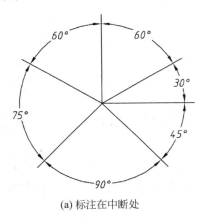
(a) 标注在中断处

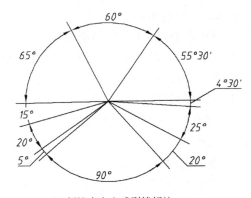
(b) 标注在上方或引线标注

图 4-28　角度标注

4.3.5　随堂练习

将建立的其他样板文件都增加尺寸标注的样式。

4.4　尺寸标注

4.4.1　案例介绍及知识要点

完成如图 4-29 所示的尺寸类型标注。

【知识点】

尺寸标注的方法。

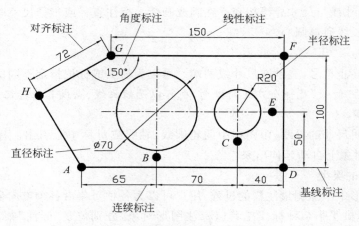

图 4-29   主要的尺寸标注类型

4.4.2   操作步骤

步骤一：新建文件

利用建立的 A3 样板文件新建图形，保存为"图形的尺寸标注"。

步骤二：绘制图形

（1）执行"直线"命令绘制图形线框。

（2）执行"圆"命令绘制直径为 70 和半径为 20 的两个圆。

步骤三：标注尺寸

（1）选择"尺寸标注"图层。

（2）选择"标注（N）"|"标注样式（S）"命令或单击"样式"工具栏上的"标注样式"按钮 ，将"电气样式"置为当前。

（3）标注尺寸为 65、70、40。

选择"标注（N）"|"线性（L）"命令，先单击图中 A 点，再单击 B 点，标注 65；再选择"标注（N）"|"连续（C）"命令，依次单击 C 点和 D 点，标注 70、40。

（4）标注尺寸为 50、100。

选择"标注（N）"|"线性（L）"命令，先单击图中 D 点，再单击 E 点，标注 50；再选择"标注（N）"|"基线（B）"命令，单击 F 点，标注 100。

（5）标注尺寸为 150。

选择"标注（N）"|"线性（L）"命令，先单击图中 G 点，再单击 F 点，标注 150。

（6）标注尺寸为 72。

选择"标注（N）"|"对齐（G）"命令，先单击图中 G 点，再单击 H 点，标注 72。

（7）标注角度为 150°。

选择"标注（N）"|"角度（A）"命令，分别单击 150 和 72 长图线，标注 150°。

（8）标注直径尺寸。

选择"标注（N）"|"直径（D）"命令，单击图中大圆，标注直径尺寸为 70。

（9）标注半径尺寸。

选择"标注（N）"|"半径（R）"命令，单击图中小圆，标注半径尺寸为 20。

步骤四：保存文件

选择"文件(F)"|"保存(S)",保存文件。

4.4.3　步骤点评

对于步骤三：关于角度标注。

(1) 小于 180°角度标注：选择电气样式标注,执行"角度"标注,选择图形的两个直线段,移动鼠标,确定角度尺寸的位置,单击完成标注,如图 4-30 所示。

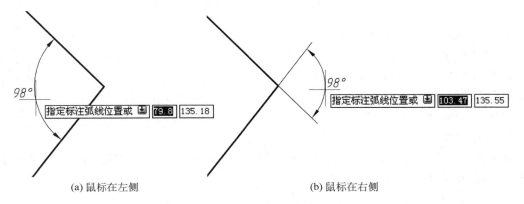

(a) 鼠标在左侧　　　　　　　　　　　　(b) 鼠标在右侧

图 4-30　小于 180°角度标注

(2) 大于 180°角度标注：选择电气样式标注,执行"角度"标注,直接按 Enter 键选择"指定顶点",选择直线的交点,然后选择直线段的两个端点,移动鼠标,确定角度尺寸的位置,单击完成标注,如图 4-31 所示。

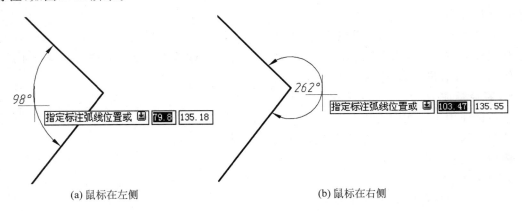

(a) 鼠标在左侧　　　　　　　　　　　　(b) 鼠标在右侧

图 4-31　大于 180°角度标注

4.4.4　总结及拓展——尺寸标注

AutoCAD"标注"命令工具栏如图 4-32 所示。

1. 线性标注

线性尺寸标注,是指标注对象在水平、垂直或指定方向的尺寸。

其命令为 dimlinear,工具按钮为 ⊞ 。

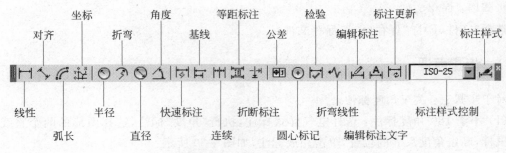

图 4-32　"标注"工具栏

例如,标注在图 4-29 中的尺寸为 150。

2. 对齐标注

对齐尺寸标注,是指标注对象在倾斜方向的尺寸。

其命令为 dimaligned,工具按钮为 ⬈。

例如,标注在图 4-29 中的尺寸为 72。

3. 连续标注

连续标注是指从某一个尺寸界线开始,按顺序标注一系列尺寸,相邻的尺寸采用前一条尺寸界线,和新确定点的位置尺寸界线。

其命令为 dimcontinue,工具按钮为 ⊞。

提示:必须先标注一个线性标注或对齐标注之后,才可以执行此命令。

例如,标注在图 4-29 中的尺寸为 70、40。

4. 基线标注

基线标注是指以某一尺寸界线为基准位置,按某一方向标注一系列尺寸,所有尺寸共用第一条基准尺寸界线。

其命令为 dimbaseline,工具按钮为 ⊟。

基线标注方法和步骤与连续标注类似,也应该先标注或选择一个尺寸作为基准标注。

例如,标注在图 4-29 中的尺寸为 100。

5. 直径标注

直径标注用于标注圆直径。

其命令为 dimdiameter,工具按钮为 ⊘。

例如,标注在图 4-29 中的直径尺寸为 70。

6. 半径标注

半径标注用于标注圆和圆弧半径。

其命令为 dimradius,工具按钮为 ⊙。

例如,标注在图 4-29 中的半径尺寸为 20。

7. 角度标注

角度标注测量两条直线或三个点之间的角度。

其命令为 dimangular,工具按钮为 △。

例如,标注在图 4-29 中的尺寸为 150°。

8. 快速标注

在进行尺寸标注时,经常遇到同类型的系列尺寸标注,可以使用"快速标注"命令快速创建或编辑一系列标注。

其命令为 qdim,工具按钮为 🔲 。

执行"快速标注"命令,在绘图区域选择要标注的对象,并按 Enter 键,可以完成"连续(C)/并列(S)/基线(B)/坐标(O)/半径(R)/直径(D)/基准点(P)/编辑(E)/设置(T)"等标注,如图 4-33 所示。

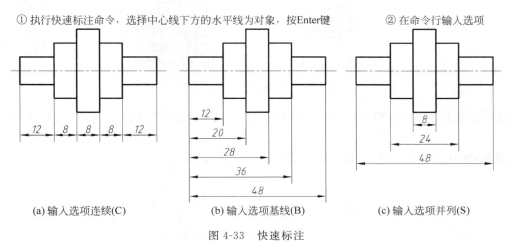

① 执行快速标注命令,选择中心线下方的水平线为对象,按Enter键　　② 在命令行输入选项

(a) 输入选项连续(C)　　　　(b) 输入选项基线(B)　　　　(c) 输入选项并列(S)

图 4-33　快速标注

4.4.5　总结及拓展——编辑尺寸标注

尺寸标注之后,可以使用尺寸编辑命令来改变尺寸线的位置、尺寸数字的大小等。编辑尺寸标注包括样式的修改和单个尺寸对象的修改。

通过修改尺寸样式,可以修改全部用该样式标注的尺寸。单个尺寸对象的修改则主要使用编辑标注命令和编辑标注文字命令。每个尺寸包括尺寸线、尺寸界线、箭头、文本、颜色、比例等特性,一般可在特性选项板中修改尺寸标注内容以及各种特性。编辑单个尺寸对象,选择尺寸对象后,右击,在弹出的快捷菜单中选择需要更改的菜单,进行编辑。

快速更改标注样式,如图 4-34 所示。

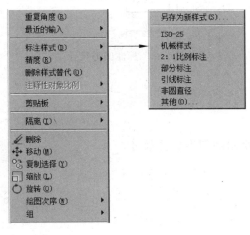

图 4-34　编辑尺寸的样式

　　将光标悬空放置在箭头处夹点，则此夹点变红，弹出快捷菜单，如图 4-35(a)所示，可选择其选项，如翻转箭头。将光标悬空放置在文字处夹点，则此夹点变红，弹出快捷菜单，如图 4-35(b)所示，可选择尺寸文字的放置方式。

　　　　　　(a) 激活箭头夹点　　　　　　　(b) 次级快捷菜单

图 4-35　编辑标注文字的位置

　　选择翻转箭头选项，可以将箭头的方向(由内向外、由外向内)之间的转换，如图 4-36 所示。

　　例如，标注文字位置选择"随引线移动"时，其结果如图 4-37 所示。

(a) 默认样式　　　　(b) 翻转箭头　　　　(a) 默认位置　　　(b) 随引线移动

图 4-36　翻转箭头　　　　　　图 4-37　随引线移动

4.4.6　随堂练习

　　标注如图 4-38 所示的图形尺寸。

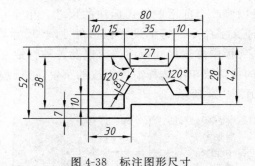

图 4-38　标注图形尺寸

4.5　上机练习

　　将第 2 章的上机练习绘制的图形标注尺寸。

第 5 章

电气图块和表格

在设计绘图过程中,经常会遇到一些重复出现的图形(如电气设计中的开关、线圈、熔断器等)。AutoCAD 提供了图块功能,将这些常用的电气元件图形保存为图块,实现在不同电气图中的重复使用。

表格在电气图绘制中是一种常用的标注方式。使用表格表达一些大量烦琐的信息,会使图形看上去更加整齐,而且有些信息是文字标注所不能表达的的。

5.1　电气图块的基本操作

5.1.1　案例介绍及知识要点

将如图 5-1 所示的"电容"图形符号定义为图块并保存为外部块。

【知识点】

(1) 创建图块的方法。

(2) 图块的保存。

(3) "插入块"命令。

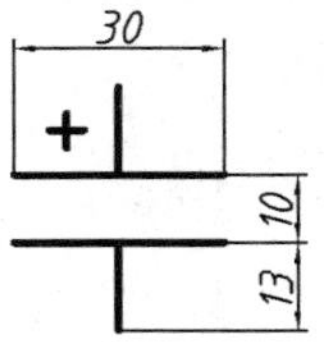

5.1.2　操作步骤

图 5-1　电容符号

步骤一:新建文件

利用建立的 A3 样板文件新建图形。

步骤二:绘制图形

(1) 选择"粗实线"图层。

(2) 单击"绘图"工具栏上的"直线"按钮,绘制长为 30 的线段。

(3) 单击"修改"工具栏上的"偏移"按钮,绘制第二条长为 30 的线段。

(4) 执行"直线"命令,选择捕捉中点,绘制长为 13 的线段。

(5) 单击"修改"工具栏上的"多行文字"按钮,设置字高为 8,写"＋"号。

步骤三:创建图块

(1) 单击"绘图"工具栏上的"创建块"按钮 ，弹出"块定义"对话框,如图 5-2 所示。

图 5-2　"块定义"对话框

（2）在"名称"文本框中，输入"电容"。

（3）在"基点"选项组中，单击"拾取点"按钮，切换到绘图区，拾取 A 点为插入基点，如图 5-3 所示。

（4）在"对象"选项组中，单击"选择对象"按钮，切换到绘图区，选中电容符号。

（5）在"方式"选项组中，选中"注释性"复选框。

（6）单击"确定"按钮。

步骤四：保存为外部图块

（1）在命令行输入 wblock，按 Enter 键，出现如图 5-4 所示的"写块"对话框。

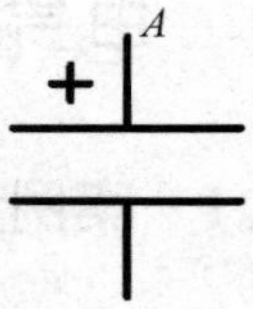

图 5-3　拾取基点

图 5-4　"写块"对话框

（2）在"源"选项组中，选择"块"单选按钮，在右边的下拉列表框中选择"电容"。

（3）在"目标"选项组中，选择存储路径并确定文件名。

（4）单击"确定"按钮。

5.1.3　步骤点评

1. 对于步骤三：创建图块

（1）启动创建块命令的方式。

• 菜单命令："绘图（D）"|"块（K）"|"创建（M）"。

• "绘图"工具栏："创建块"按钮 🔲 。

• 命令行输入：block。

（2）执行创建块命令的步骤。

① 执行命令，打开"块定义"对话框。

② 输入块的名称。

③ 在"基点"选项组中，单击"拾取点"按钮，在绘图区拾取基点。

④ 在"对象"选项组中，单击"选择对象"按钮，在绘图区选择对象。

⑤ 在"方式"选项组中，选中"注释性"复选框。

⑥ 单击"确定"按钮。

提示：在"方式"选项组中，取消"按统一比例缩放"复选框，就可以在插入该块时确定 X 轴、Y 轴、Z 轴方向不同的比例系数。

2. 对于步骤四：块的保存

利用 wblock 命令可以把图块以图形文件的形式（后缀名为 dwg）存入磁盘，通常把这样保存的图块叫做外部块。需要时可以在任意图形中用 insert 命令插入。而利用 block 命令定义的图块只保存在其所属的图形当中，通常把这样保存的图块叫做内部块。该图块只能在该图形中插入，不能插入到其他图形中。

提示：用户可以用 wblock 命令保存的图块创建电气元件符号库，方便以后电气图形的绘制。

5.1.4　总结及拓展——块的插入

在 AutoCAD 绘图过程中，可根据需要随时把已经定义好的图块插入到当前图形的任意位置，在插入的同时还可以改变图块的大小、旋转一定角度或把图块分解等。

1. 启动插入块命令的方式

• 菜单命令："插入（I）"|"块（B）"。

• "绘图"工具栏："插入块"按钮 🔲 。

• 命令行输入：insert。

2. 执行插入块命令的步骤

（1）单击"绘图"工具栏上的"插入块"按钮 🔲 ，弹出"插入"对话框，如图 5-5 所示。

（2）在"名称"文本框中，找到要插入的图块。

（3）在"插入点"选项组中，选中"在屏幕上指定"复选框。

（4）在"比例"选项组中，输入 X 轴、Y 轴、Z 轴比例系数。

图 5-5 "插入"对话框

(5) 在"旋转"选项组中,输入旋转角度。

(6) 单击"确定"按钮,切换到绘图区。

(7) 在指定位置单击。

3. 选项说明

(1)"插入点"选项组。

"插入点"选项组用来指定插入点。插入图块时该点与图块的基点重合。可以在绘图区指定该点,也可以在下面的文本框中输入坐标值。

(2)"比例"选项组。

"比例"选项组用来确定插入图块时的缩放比例。

图块被插入到当前图形中,可以以任意比例放大或缩小。图 5-6(a)所示是被插入的图块;图 5-6(b)所示为按比例系数 0.5 插入该图块的结果;图 5-6(c)所示为按比例系数 1.5 插入该图块的结果。X 轴方向和 Y 轴方向的比例系数也可以取不同,如图 5-6(d)所示。插入的图块 X 轴方向的比例系数为 1,Y 轴方向的比例系数为 1.5。另外,比例系数还可以是一个负数,当为负数时表示插入图块的镜像,其效果如图 5-7 所示。

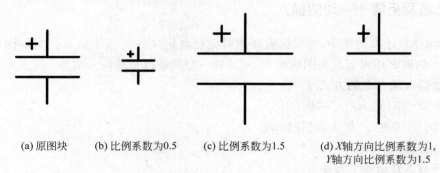

(a) 原图块　　(b) 比例系数为0.5　　(c) 比例系数为1.5　　(d) X轴方向比例系数为1, Y轴方向比例系数为1.5

图 5-6 取不同比例系数插入图块的效果

(3)"旋转"选项组。

"旋转"选项组用来指定插入图块时的旋转角度。

图块被插入到当前图形中时,可以绕其基点旋转一定的角度,角度可以是正数(表示沿逆

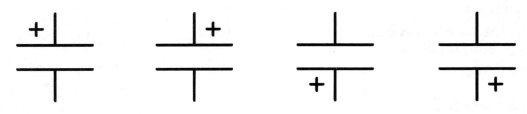

(a) X比例=1，Y比例=1   (b) X比例=-1，Y比例=1   (c) X比例=1，Y比例=-1   (d) X比例=-1，Y比例=-1

图 5-7   取比例系数为负数时表示插入图块的镜像

时针方向旋转)，也可以是负数(表示沿顺时针方向旋转)。旋转角度为 0°如图 5-8(a)所示；旋转角度为 45°如图 5-8(b)所示；旋转角度为 -45°如图 5-8(c)所示。

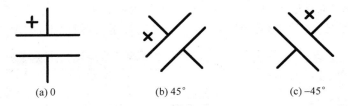

(a) 0   (b) 45°   (c) -45°

图 5-8   以不同旋转角度插入图块的效果

(4)"分解"复选框。

选中此复选框，则在插入块的同时将其分解。插入到图形中的组成块对象不再是一个整体，可对每个对象单独进行编辑操作。

5.1.5 随堂练习

(1) 把如图 5-9(a)所示的电阻器图形符号创建成块并保存。

(2) 利用插入图块的方法，绘制直流双电桥电路图，如图 5-9(b)所示。

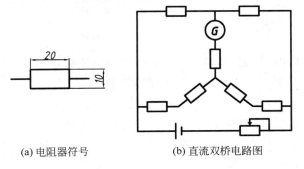

(a) 电阻器符号   (b) 直流双桥电路图

图 5-9   随堂练习

5.2   电气图块的属性操作

5.2.1   案例介绍及知识要点

绘制电阻测量电路，如图 5-10 所示。

【知识点】

(1) 定义图块属性的方法。

(2) 编辑图块属性的方法。

(3) "移动"命令。

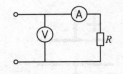

图 5-10　电阻测量电路

5.2.2　操作步骤

步骤一：新建文件

利用建立的 A3 样板文件新建图形，保存为"电阻测量电路"。

步骤二：绘制电压表符号并将其中文字定义属性

(1) 选择"粗实线"图层。

(2) 单击"绘图"工具栏上的"圆"按钮，绘制半径为 6 的圆。

(3) 选择"绘图"|"块"|"定义属性"命令，出现"属性定义"对话框，如图 5-11 所示。

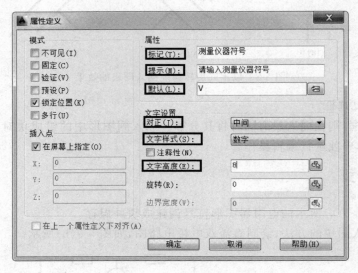

图 5-11　"属性定义"对话框

① 在"属性"选项组的"标记"文本框中，输入"测量仪器符号"。

② 在"提示"文本框中，输入"请输入测量仪器符号"。

③ 在"默认"文本框中，输入 V。

④ 在"文字位置"选项组的"对正"下拉列表中，选择"中间"。

⑤ 在"文字样式"下拉列表中，选择"数字"样式。

⑥ 在"文字高度"文本框中，输入 8。

⑦ 单击"确定"按钮。

(4) 鼠标选择圆的圆心并单击，如图 5-12 所示。

测量仪器符号

图 5-12　文本定义属性的结果

步骤三：将已定义属性的电压表符号保存为图块

(1) 在命令行输入 wblock，按 Enter 键，出现"写块"对话框，如图 5-13 所示。

① 单击"拾取点"按钮 ⬚，选择圆的象限点为插入点，如图 5-14 所示。

图 5-13　"写块"对话框

② 单击"选择对象"按钮 ，选择圆和属性文本。

③ 选中"转换为块"复选框。

④ 单击"目标"选项组中的 ⋯ 按钮，出现"浏览图形文件"对话框。确定图块保存的路径和名称，如图 5-15 所示，单击"保存"按钮。

图 5-14　指定插入点

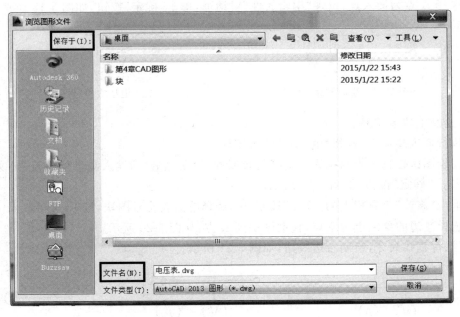

图 5-15　"浏览图形文件"对话框

（2）单击"写块"对话框中的"确定"按钮,出现"编辑属性"对话框,如图 5-16 所示。

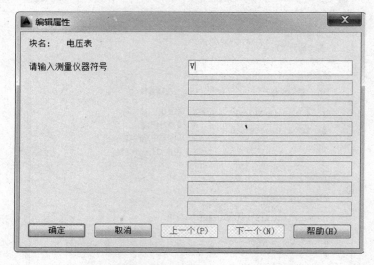

图 5-16　"编辑属性"对话框

（3）单击"确定"按钮,完成图块的保存。

步骤四:绘制电阻测量电路

（1）执行圆命令绘制接线端子,半径为 1.5。

（2）执行直线命令绘制线路,如图 5-17 所示。

（3）插入电压表符号图块。

① 单击"绘图"工具栏上的"插入块"按钮 🖃,出现"插入"对话框。选择"电压表"图块,单击"确定"按钮。

② 选择 A 点为插入点,出现"编辑属性"对话框,单击"确定"按钮,如图 5-18 所示。

图 5-17　绘制线路　　　　　　　　　图 5-18　插入电压表符号图块

（4）绘制电流表符号。

① 执行插入块命令,选择"电压表"符号图块。

② 在绘图区任选一点为插入点,在"编辑属性"对话框的"请输入测量仪器符号"文本框中输入 A,单击"确定"按钮,如图 5-19 所示。

③ 单击"修改"工具栏上的"移动"按钮 ✛,选择电流表符号图块,按 Enter 键。

④ 选择左边的象限点为基点,移动图块到 B 点,如图 5-20 所示。

（5）执行直线命令,绘制右边线路,如图 5-21 所示。

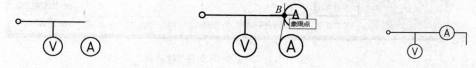

图 5-19　插入电流表符号图块　　　　图 5-20　移动电流表符号图块　　　图 5-21　绘制线路

（6）绘制电阻器图形符号。

① 执行插入块命令，在"插入"对话框中选择"电阻器"符号图块。

② 输入比例因子为 0.5。

③ 输入旋转角度为 -90°，单击"确定"按钮。

④ 选择 C 点为插入点。

⑤ 执行单行文字命令，输入 R，如图 5-22 所示。

（7）执行圆命令，绘制第二个接线端子。

（8）执行直线命令，绘制剩余线路。

步骤五：保存文件

选择"文件"|"保存"，保存文件。

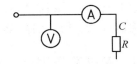

图 5-22　绘制电阻器图形符号

5.2.3　步骤点评

1. 对于步骤二：关于定义图块属性

图块除了包含图形对象以外，还具有非图形信息。例如，把一个椅子的图形定义为图块后，还可把椅子的号码、材料、重量、价格、说明等文本信息一并加入到图块中。图块的这些非图形信息，叫做图块的属性。它是图块的一个组成部分，与图形对象一起构成一个整体。在插入图块时，AutoCAD 把图形对象连同属性一起插入到图形中。

（1）启动定义属性命令的方式。

- 菜单命令："绘图(D)"|"块(K)"|"定义属性(D)"。
- 命令行输入：attdef 或 att。

（2）执行定义属性命令的步骤。

① 执行命令。

② 在"标记"文本框中，输入属性标签。

③ 在"提示"文本框中，输入属性提示。

④ 在"默认"文本框中，设置默认的属性值。

⑤ 在"文字设置"选项组中，设置文本的对齐方式、文字样式、字高和倾斜角度。

⑥ 单击"确定"按钮，在绘图区选择输入属性的起点。

2. 对于步骤四：关于移动命令

移动命令是指源对象以指定的角度和方向移动指定距离或移动到指定的位置。

（1）启动移动命令的方式。

- 菜单命令："修改(M)"|"移动(V)"。
- "修改"工具栏："移动"按钮 ✛。

命令行输入：move。

（2）执行移动命令的步骤。

① 执行命令，选择要移动的对象，按 Enter 键。

② 单击选择要移动对象的基点。

③ 移动鼠标，单击要放置移动对象的位置，完成移动。

（3）关于移动命令的说明。

除了使用移动命令之外，也可以使用其他方法实现图形的移动。

① 夹点编辑。

这种方法适用于单根直线、圆、圆弧和椭圆。选中移动对象，然后激活对象的中心夹点（圆、圆弧、椭圆）或直线中间夹点，在合适的位置单击，即可将对象移动到该处。

② 右键拖曳。

该方法适用于所有图形，可以选择多个对象，然后按住鼠标右键不放，拖曳鼠标，然后松开右键，屏幕将弹出如图 5-23 所示的选项，可以进行选择"移动到此处"选项。

图 5-23　右键拖曳移动对象

5.2.4　总结及拓展——编辑图块属性

当属性被定义到图块当中，甚至图块被插入到图形当中之后，用户可以对图块属性进行编辑。利用编辑图块命令不仅可以通过对话框对指定图块的属性值进行修改，还可以对属性的位置、文本等其他设置进行编辑。

1. 启动图块属性编辑命令的方式

- 菜单命令："修改(M)"|"对象(O)"|"属性(A)"|"单个(S)"。
- 命令行输入：attedit。

2. 执行图块属性编辑命令的步骤

(1) 执行命令。

(2) 选择要修改属性的图块，打开"增强属性编辑器"对话框，如图 5-24 所示。

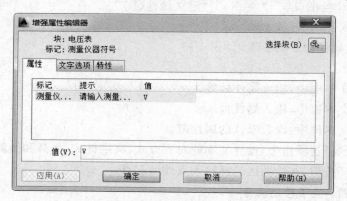

图 5-24　"增强属性编辑器"对话框——"属性"选项卡

(3) 修改完成，单击"确定"按钮。

3. 选项说明

(1)"属性"按钮

对话框中显示所选图块包含的前 8 个属性的值，用户可以对这些属性值进行修改。

(2)"文字选项"按钮。

对文字样式、高度、倾斜角度等进行编辑，如图 5-25 所示。

(3)"特性"按钮。

编辑图层、线型、线宽和颜色等，如图 5-26 所示。

另外，还可以通过"块属性管理器"对话框来编辑图块属性。

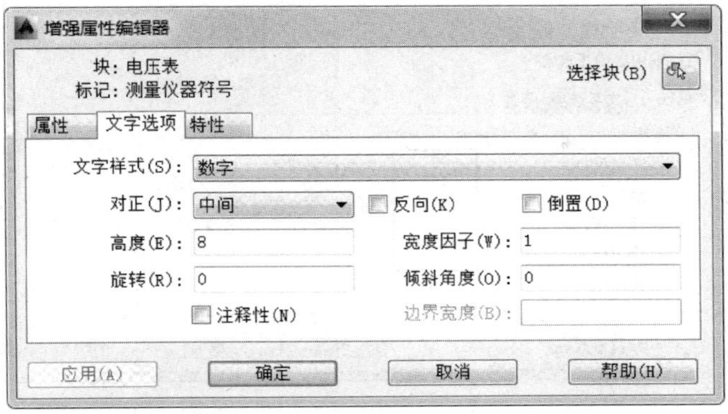

图 5-25   "增强属性编辑器"对话框——"文字选项"选项卡

图 5-26   "增强属性编辑器"对话框——"特性"选项卡

选择"修改（M）"|"对象（O）"|"属性（A）"|"块属性管理器（B）"，出现"块属性管理器"对话框，如图 5-27 所示。

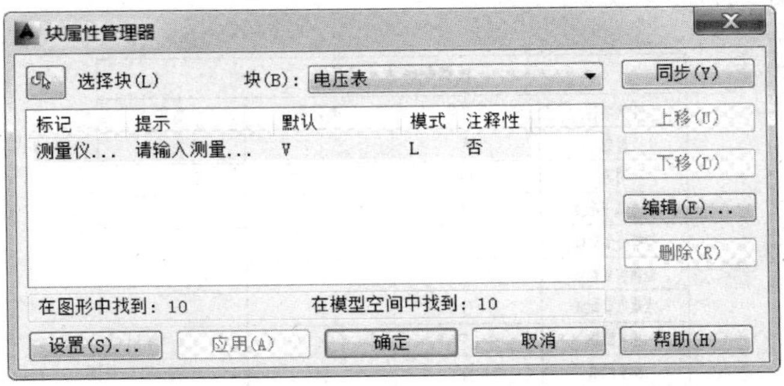

图 5-27   "块属性管理器"对话框

单击"编辑"按钮，出现"编辑属性"对话框，如图 5-28 所示。该对话框不仅可以编辑图块的属性值、文字样式、字高及其特性等，还可以对图块的标记和提示进行修改。

5.2.5   随堂练习

定义图块属性，绘制 MC1413 芯片符号，如图 5-29 所示。

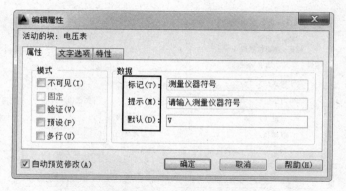

图 5-28　"编辑属性"对话框

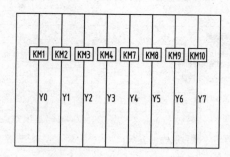

图 5-29　MC1413 芯片符号

5.3　电气表格

5.3.1　案例介绍及知识要点

绘制线路配线方式符号表如图 5-30 所示。

线路配线方式符号表			
中文名称	旧符号	新符号	备注
暗敷	A	C	
明敷	M	E	
钼皮线卡配线	QD	AL	
电缆桥架配线		CT	
金属软管配线		F	
水煤气管配线	G	G	
瓷夹配线	CP	K	
钢索配线	S	M	
金属线槽配线	GC	MP	
电线管配线	DG	T	
塑料管配线	SG	P	
塑料夹配线		PL	含尼龙夹
塑料线槽配线	XC	PR	
钢管配线	GG	S	
槽板配线	CB		

图 5-30　线路配线方式符号表

【知识点】

（1）表格样式设置方法。

（2）"表格"命令。

（3）表格的编辑。

5.3.2　操作步骤

步骤一：新建文件

利用建立的 A3 样板文件新建图形，保存为"线路配线方式符号表"。

步骤二：创建"线路配线符号表"表格样式

（1）选择"格式"|"表格样式"命令，出现"表格样式"对话框。

① 单击"新建"按钮，出现"创建新的表格样式"对话框。

② 在"新样式名"文本框中输入"线路配线符号表"，如图 5-31 所示。

图 5-31　"表格样式"对话框

（2）单击"继续"按钮，出现"新建表格样式：线路配线符号表"对话框。

（3）设置标题单元样式。

① 在"单元样式"组的下拉列表框中选择"标题"选项。

② 打开"文字"选项卡，在"特性"组的"文字样式"下拉列表框中选择"汉字"选项。

③ 在"文字高度"文本框中输入 10。

如图 5-32 所示。

（4）设置表头单元样式。

① 在"单元样式"组的下拉列表框中选择"表头"选项。

② 打开"文字"选项卡，在"特性"组的"文字样式"下拉列表框中选择"汉字"选项。

③ 在"文字高度"文本框中输入 8。

（5）设置数据单元样式。

① 在"单元样式"组的下拉列表选择"数据"选项。

② 打开"常规"选项卡，在"特性"的"对齐"列表中选择"正中"选项；从"类型"列表中选择"标签"选项。

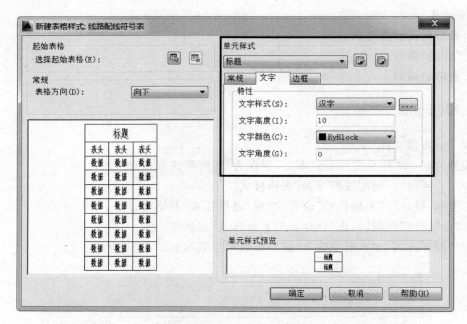

图 5-32 "新建表格样式：线路配线符号表"对话框

③ 打开"文字"选项卡，在"特性"的"文字样式"列表中选择"汉字"选项。

④ 在"文字高度"文本框中输入 8。

（6）单击"确定"按钮，完成线路配线符号表样式的设置。

步骤三：创建"线路配线符号表"表格

（1）选择"细实线"层。单击"绘图"工具栏上的"表格"按钮 ▦，出现"插入表格"对话框，如图 5-33 所示。

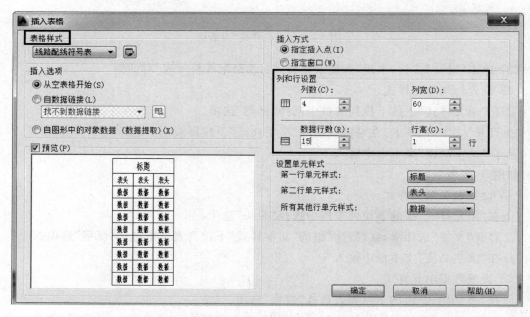

图 5-33 "插入表格"对话框

① 在"表格样式"下拉列表框中，选择"线路配线符号表"选项。
② 在"列和行设置"组的"列数"文本框输入 4；在"列宽"文本框中输入 60。
③ 在"数据行数"文本框中输入 15，单击"确定"按钮。
（2）在绘图窗口指定插入点，弹出表格及"文字格式"对话框，如图 5-34 所示。单击"确定"按钮。

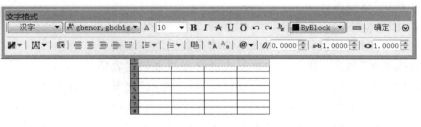

图 5-34　插入表格

步骤四：输入文字
（1）双击最上面的单元格，进入"文字格式"界面，输入"线路配线方式符号表"，如图 5-35 所示。

图 5-35　在表格中输入文字

（2）按 Tab 键，转到下一单元格，输入文字"中文名称"后，依次将表头的文字内容完成。
（3）同样方法，完成剩余数据的文字内容输入。
步骤五：保存文件
选择"文件"|"保存"命令，保存文件。

5.3.3　步骤点评

对于步骤三，表格命令
（1）启动表格命令的方式。
• 菜单命令："绘图（D）"|"表格"。
• "绘图"工具栏："表格"按钮囲。
• 命令行输入：table。
（2）执行表格命令的步骤。
① 执行命令，打开"插入表格"对话框。
② 在"插入表格"对话框中进行相应设置后，单击"确定"按钮。
③ 系统在指定的插入点或窗口自动插入一个空表格，并打开"文字格式"对话框。

④ 逐行逐列输入相应文字和数据即可。

(3)"插入表格"对话框选项说明。

① "表格样式"选项组。

可以在"表格样式"下拉列表中选择一种表格样式,也可以通过单击后面的 ▣ 按钮来新建或修改表格样式。

② "插入选项"选项组。

它用来指定插入表格的方式。

- "从空表格开始"按钮:创建可以手动填充数据的空表格。
- "自数据链接"列表:通过启动数据连接管理器来创建表格。
- "自图形中的对象数据"按钮:通过启动"数据提取"向导来创建表格。

③ "插入方式"选项组。

- "指定插入点"按钮:指定表格的左上角的位置。可以使用定点设备,也可以在命令行中输入坐标值。如果表格样式将表格的方向设置为由下而上读取,则插入点位于表格的左下角。
- "指定窗口"按钮:指定表格的大小和位置。可以使用定点设备,也可以在命令行中输入坐标值。选定此选项时,行数、列数、列宽和行高取决于窗口的大小及列和行的位置。

④ "列和行设置"选项组。

它用来指定列和数据行的数目及列宽与行高。

⑤ "设置单元样式"选项组。

它用来指定"第一行单元样式"、"第二行单元样式"和"所有其他行单元样式"分别为标题、表头或数据样式。

提示:在"插入方式"选项组中单击"指定窗口"按钮后,列与行设置的两个参数中只能指定一个,另外一个由指定窗口的大小自动等分来确定。

5.3.4　总结及拓展——表格编辑

1. 编辑表格和表格单元

选定表中的一个或多个单元后单击,弹出"表格"编辑器,如图 5-36 所示,可以对表格和表格单元进行各种编辑操作。例如,插入行或列,合并单元格,设置单元边框等。

图 5-36　"表格"编辑器

2. 表格文字编辑

(1)启动表格文字编辑的方式。

- 快捷菜单:选定表中的单元后右击,在弹出的快捷菜单中选择"编辑文字"命令。
- 命令行输入:tabledit。
- 定点设备:在表格单元内双击。

（2）执行表格文字编辑的步骤。

① 执行命令。

② 打开"文字格式"对话框，对指定单元格中的文字进行编辑。

在 AutoCAD 中，可以在表格中插入简单的公式，用于计算总计、计数和平均值，以及定义简单的算数表达式。要在选定的单元格中插入公式，右击该单元格，在弹出的快捷菜单中选择"插入点"|"公式"命令，如图 5-37 所示。选择一个公式项后，系统提示：

选择表格单元范围的第一个角点：
选择表格单元范围的第二个角点：

指定单元范围后，系统将对此范围内单元格的数值按指定公式进行计算，给出最终计算值。

提示：也可以通过"表格"编辑器中的"插入公式"按钮 f_x 来进行简单的计算。

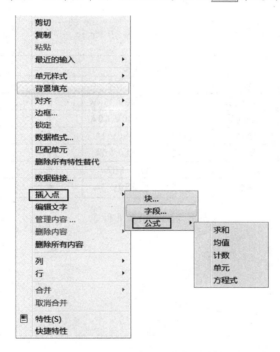

图 5-37　快捷菜单和插入公式

5.3.5　总结及拓展——插入 Excel 表格

将 Excel 表格导入到 AutoCAD 的步骤如下。

（1）在 Excel 表格中选中输入文字的表格区域并复制。

（2）在 AutoCAD 文件中，选择"编辑"|"选择性粘贴"命令，弹出"选择性粘贴"对话框。

① 选择"粘贴"单选按钮。

② 从列表框中选择"AutoCAD 图元"选项。

如图 5-38 所示，在 AutoCAD 绘图窗口确定插入点，即可将 Excel 表格转为 CAD 表格。

（3）插入表格后，要进行编辑，可以选定表格，先在"特性"管理器中进行解锁操作，然后才可在 AutoCAD 中修改其样式和数据。

图 5-38 "选择性粘贴"对话框

5.3.6 随堂练习

绘制设备元件表列宽为 100, 行高为 2, 如图 5-39 所示。

设备元件表							
序号	符号	名称	型号	规格	单位	数量	备注
1	M	异步电动机	Y	300V,15kW	台	1	
2	KM	交流接触器	CJ10	300V,40A	个	1	
3	FU2	熔断器	RC1	250V,1A	个	1	配熔丝1A
4	FU1	熔断器	RT0	380,40A	个	3	配熔丝30A
5	FR	热继电器	JR3	40A	个	1	整定值25A
6	SB1,SB2	按钮	LA2	250V,3A	个	2	一常开,一常闭触点

图 5-39 设备元件表

5.4 上机练习

(1) 创建如图 5-40 所示的标题栏表格。

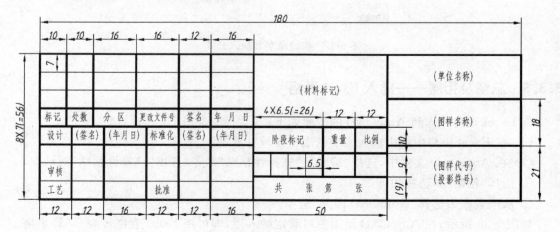

图 5-40 标题栏

（2）通过创建图块，绘制如图 5-41 和图 5-42 所示的图形。

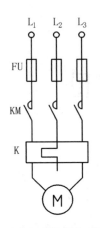

图 5-41 电动机供电系统图

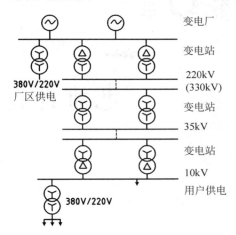

图 5-42 电气输电图

第**6**章

电动机控制电路图

电动机是现代生产中最主要的动力来源,为使电动机提供的动力符合实际生产的需要,就必须对电动机加以控制,按照人们的意愿为生产提供动力。电动机的控制包括启动控制、正/反转控制、制动以及调速等。

6.1 电动机点动正转控制电路图

6.1.1 案例介绍及知识要点

绘制电动机点动正转控制电路图,如图 6-1 所示。

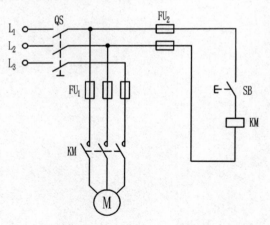

图 6-1　电动机点动正转控制电路图

【知识点】

(1)电动机点动正转控制电路的工作原理。

(2)电动机点动正转控制电路的绘制方法。

(3)电气控制图绘制的原则和步骤。

(4)"圆环"命令。

6.1.2 绘图分析

点动正转控制线路是由转换开关 QS、熔断器 FU、启动按钮 SB、接触器 KM 及电动机 M 组成。其工作原理是：当电动机需要点动时，先合上转换开关 QS，此时电动机 M 尚未接通电源。按下启动按钮 SB，接触器 KM 的线圈得电，带动接触器 KM 的三对主触头闭合，电动机 M 便接通电源运转。当电动机需要停转时，只要松开启动按钮 SB，使接触器 KM 的线圈失电，带动接触器 KM 的三对主触头恢复断开，电动机 M 失电停转。图 6-2 所示为电动机启动动作示意图。

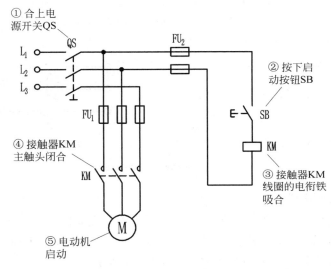

图 6-2　电动机启动动作的示意图（点动正转控制）

绘制电动机点动正转控制电路图，可以先绘制供电线路，再添加控制线路。绘制思路如下：首先进行图纸布局，利用前期建立的电气元件符号图块库，通过插入图块的方法，分别绘制出主要的电气元件符号，如图 6-3 所示，然后绘制导线连接各个电气元件，最后标注文字注释。

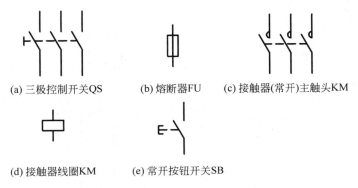

(a) 三极控制开关QS　　(b) 熔断器FU　　(c) 接触器(常开)主触头KM

(d) 接触器线圈KM　　(e) 常开按钮开关SB

图 6-3　电路图所需的电气元件符号

6.1.3 操作步骤

步骤一：新建文件

利用建立的 A3 样板文件新建图形，保存为"电动机点动正转控制电路图"。

步骤二：图纸布局，绘制接线端子和三极控制开关 QS

（1）选择"线路层"图层。

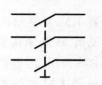

图 6-4　插入并旋转三极控制开关符号图块

（2）单击"绘图"工具栏上的"插入块"按钮，选择"三极控制开关符号"图块，在"插入"对话框中的"旋转"选项组，输入旋转角度 90°，在绘图区域内合适位置放置图块，如图 6-4 所示。

（3）执行直线命令，选择三极控制开关 QS 的上端点为起点，绘制一条长为 10 的直线。

（4）选择"元件层"图层，执行圆命令，选择两点画圆的方法，绘制一个直径为 3 的圆，如图 6-5（a）所示。

（5）执行复制命令，选择直径为 3 的圆和长为 10 的直线，绘制另外两个相关对象，如图 6-5（b）所示。

(a) 绘制圆和直线　　　　(b) 复制圆和直线

图 6-5　绘制端子和连线

步骤三：绘制熔断器 FU_1、接触器主触头 KM

（1）执行插入块命令，选择合适位置放置"熔断器符号"图块。

（2）执行插入块命令，结合极轴追踪模式，确定插入点在熔断器下端点的延长线上，选择合适位置放置"接触器常开主触头符号"图块，如图 6-6 所示。

（3）执行复制命令，结合极轴与对象追踪模式，复制熔断器图形符号，如图 6-7 所示。

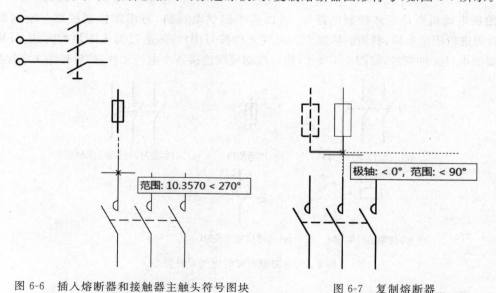

图 6-6　插入熔断器和接触器主触头符号图块　　图 6-7　复制熔断器

步骤四：绘制线路和导线的接线点符号

（1）选择"线路层"图层，执行直线命令和偏移命令，分别绘制相关线路。

（2）选择"绘图"|"圆环"命令，输入圆环的内径为 0，按 Enter 键。

（3）输入圆环的外径为 2，按 Enter 键。

（4）单击，选择导线的连接点为圆环的中心点，依次绘制接线点符号，如图 6-8 所示。

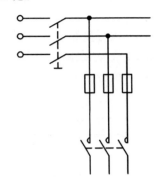

步骤五：绘制电动机及相关线路

（1）执行直线命令，结合极轴与对象追踪模式，斜线角度为 45°，绘制图 6-9（a）所示的线路。

（2）选择"元件层"图层，执行圆命令，绘制直径为 15 的圆。

（3）执行修剪命令，删除圆内线段。

（4）执行多行文字命令，书写 M，电动机绘制完成，如图 6-9（b）所示。

图 6-8　绘制线路和接线点符号

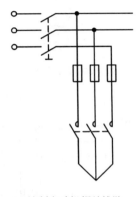
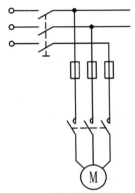

(a) 绘制电动机相关线路　　　　　　(b) 绘制电动机

图 6-9　绘制线路和电动机

步骤六：绘制控制线路

（1）执行复制命令，选择熔断器 FU$_1$ 图形符号的上端点为基点，在合适位置放置熔断器，如图 6 -10（a）所示。

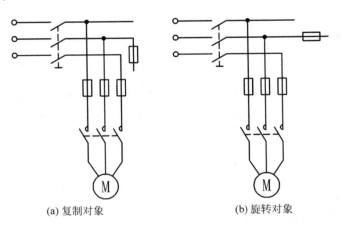

(a) 复制对象　　　　　　　(b) 旋转对象

图 6-10　绘制控制线路上的熔断器符号

（2）执行旋转命令，选择旋转角度为 90°，将熔断器符号旋转到水平位置，如图 6-10（b）所示。

（3）执行复制命令，绘制另一个熔断器 FU_2 符号。

（4）选择"线路层"图层，执行直线命令，绘制图 6-11 所示的线路。

（5）执行插入块命令，选择合适位置放置"常开按钮开关符号"图块，如图 6-12 所示。

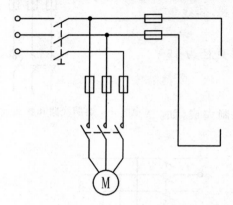

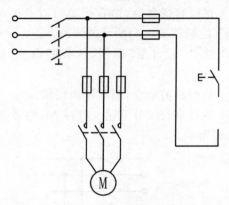

图 6-11　绘制线路 　　　　　　　图 6-12　插入常开按钮开关符号图块

（6）执行插入块命令，选择合适位置放置"接触器线圈符号"图块，如图 6-13 所示。

（7）执行直线命令，绘制线路，将常开按钮开关 SB 与接触器线圈 KM 连接。

步骤七：添加文字注释

（1）选择"文字说明"图层。

（2）执行多行文字命令，字高为 5，书写 L_1。

（3）执行复制命令，在其他所有需要写文字的位置复制 L_1。

（4）双击需要更改的文字，逐个修改即可。

步骤八：保存文件

选择"文件"|"保存"命令，保存文件。

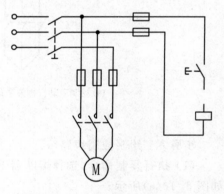

图 6-13　插入接触器线圈符号图块

6.1.4　步骤点评

对于步骤四：圆环命令

圆环是填充环或实体填充圆，是一种带有宽度的闭合多段线。创建圆环时，需要指定圆环的内外直径和圆心。通过指定不同的圆心，可以创建具有相同直径的多个副本。如果将内径值指定为零，则可以创建实体填充圆。

（1）启动圆环命令的方式。

- 菜单命令："绘图（D）"|"圆环（M）"。

- 命令行输入：donut。

（2）执行圆环命令的步骤。

① 执行命令。

② 输入圆环的内径，按 Enter 键。

③ 输入圆环的外径,按 Enter 键。

④ 单击,选择圆环的中心点。

6.1.5　总结及拓展——电气控制图

电气控制线路是由各种电气元件组成的具有一定功能的控制电路。为了表示电气控制线路的组成及工作原理,需要用统一的工程语言即工程图的形式来表示,这样的工程图称为电气控制图。电气控制图只反映各器件之间的连接关系,而不反映元器件的实际位置大小。

1. 电气控制图的组成

电气控制图分为主电路和辅助电路两种。主电路是从电源到电动机或线路末端的电路,是强电流通过的电路,包括刀开关电路、熔断器电路、接触器电路、热继电器电路、电动机电路等。辅助电路是小电流通过的电路,包括控制电路、照明电路、信号电路、保护电路等。

2. 电气控制图绘制的原则

电气控制图的绘制要遵循以下原则。

(1)主电路与辅助电路。

在绘制电路图时,主电路绘制在原理图的左侧或上方,辅助电路绘制在原理图的右侧或下方。

(2)控制图标准。

电气控制图中电器元件的图形符号、文字符号及标号等都必须采用最新国家标准。

(3)元器件的绘制方法。

在绘制元器件时,不需要绘制其外形,只需绘制带电部分即可。同一电路上的带电部件可以不绘制在一起,可以直接按电路中的连接关系绘制,但必须使用国家标准规定的图形符号,且要用同一文字符号标明。

(4)触头的绘制方法。

原理图中各元件的触头状态均按没有外力或未通电时触头的原始状态绘制。当触头的图形符号垂直放置时,按照"左开右闭"的原则绘制;当触头的图形符号水平放置时,按照"上闭下开"的原则绘制。

(5)图形布局。

同一功能的元件要集中在一起且按照动作的先后排列依次绘制。

(6)图形绘制要求。

图形绘制要求布局合理、层次分明、排列均匀及便于阅读。

以电动机点动正转控制电路图为例,如图 6-14 所示。电源电路画成水平线,三相交流电源相序 L_1、L_2、L_3 由上而下排列,中线 N 和保护地线 PE 画在相线之下。直流电源则正端在上,负端在下画出。

3. 电气控制图绘制的一般步骤

考虑到电气控制图绘制的图形特点,绘制时一般应采用"线路结构图绘制→电气元件的绘制和插入→文字注释添加"的绘制步骤进行。

电气控制图中会出现大量的相互平行的直线(如三相线等),建议先绘制部分图形,然后用偏移的方法绘制。这种方法不但可以提高绘制效率,还可以达到布局匀称、幅面整齐的效果。对于电气控制图中经常出现的相似图形结构(如触点、线圈等),建议先绘制部分图形,然后通过阵列或复制的方法绘制其他图形,这样可以极大地提高绘图的效率。

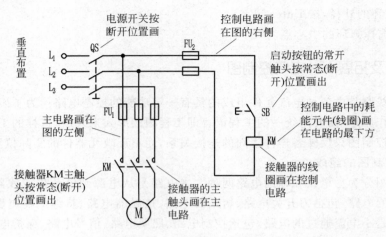

图 6-14 电气控制图绘制示意图

6.1.6 随堂练习

绘制接触器自锁正转控制线路图,如图 6-15 所示。

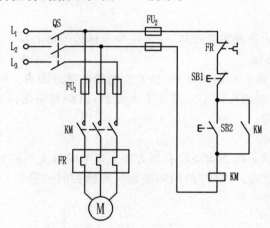

图 6-15 接触器自锁正转控制线路图

6.2 电动机正反转控制电路图

6.2.1 案例介绍及知识要点

绘制电动机接触器联锁的正反转控制电路图,如图 6-16 所示。

【知识点】

(1) 电动机接触器联锁的正反转控制电路的工作原理。

(2) 电动机接触器联锁的正反转控制电路的绘制方法。

(3) 三相异步电动机正反转控制的方式和优缺点。

(4) "特性匹配"命令。

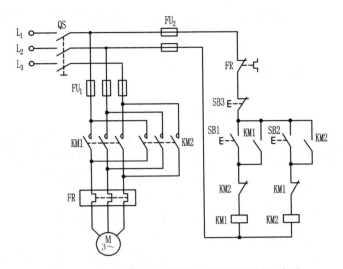

图 6-16　电动机接触器联锁的正反转控制电路图

6.2.2　绘图分析

接触器联锁正反转控制电路的工作原理及正转控制步骤,如图 6-17 所示。

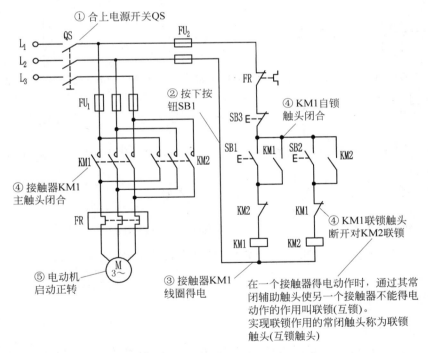

图 6-17　电动机正转启动示意图(接触器联锁的正反转控制)

反转控制步骤如图 6-18 所示。

绘制电动机接触器联锁的正反转控制电路图,首先绘制供电线路,再添加控制线路。绘制思路如下:首先进行图纸布局,利用前期建立的电气元件符号图块库,通过插入图块的方法,分别绘制主要的电气元件符号,如图 6-19 所示;然后绘制导线连接各个电气元件,最后标注文字注释。对于本节电路图的绘制,可以利用 6.2.1 节绘制电路图的相同部分,通过带基点复制的方法粘贴,达到不再重复绘制、提高绘图效率的目的。

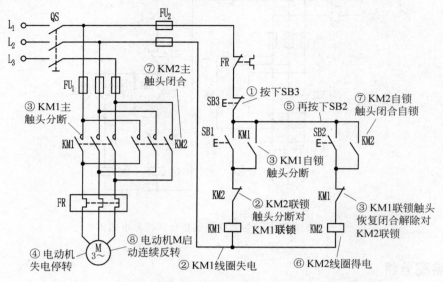

图 6-18   电动机反转启动示意图(接触器联锁的正反转控制)

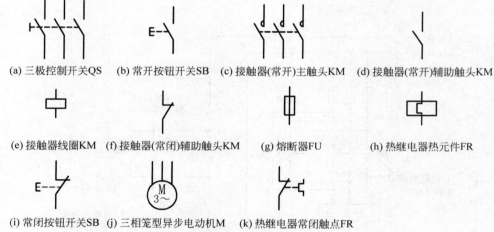

图 6-19   电路图所需的电气元件符号

6.2.3   操作步骤

步骤一:新建文件

利用建立的 A3 样板文件新建图形,保存为"电动机接触器联锁的正反转控制电路图"。

步骤二:绘制三极控制开关 QS、熔断器 FU_1、接触器主触头 KM_1 及相关线路

(1)选择"线路层"图层。

(2)单击"快速访问"工具栏上的"打开"按钮 ![按钮],打开"电动机点动正转控制电路图"文件。

(3)选择"编辑"|"带基点复制"命令,窗选端子、三极控制开关 QS、熔断器 FU_1、接触器主

触头 KM 和相关线路,在线路上任选一点作为基点,如图 6-20 所示,复制完成。

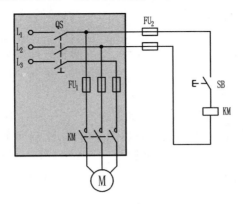

图 6-20 复制对象

(4)切换到新建的"电动机接触器联锁的正反转控制电路图"文件中,选择"编辑"|"粘贴"命令,将选取的对象粘贴到图框中,如图 6-21 所示。

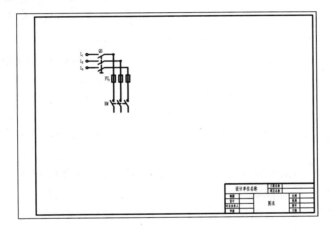

图 6-21 粘贴对象

(5)执行复制命令,结合极轴追踪模式,在水平方向复制接触器常开主触头符号,如图 6-22(a)所示。

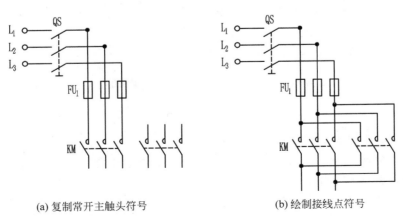

(a)复制常开主触头符号　　　　　　　　(b)绘制接线点符号

图 6-22 绘制接触器常开主触头及相关线路

（6）执行直线命令，绘制相关线路。

（7）执行圆环命令，依次绘制接线点符号，如图 6-22(b)所示。

步骤三：绘制热继电器线圈 FR

（1）执行插入块命令，选择合适位置放置"热继电器热元件符号"图块。

（2）使用夹点编辑的方法，激活长方形右边线的中点，将热元件符号中的长方形拉伸到合适位置，如图 6-23 所示。

（3）执行旋转命令，选择长方形内图形，将其旋转 180°，如图 6-24(a)所示。

（4）执行复制命令，选择长方形内热执行器图形符号，绘制两个相关对象。

（5）执行直线命令，选择中点，绘制水平线，

（6）空命令下选中水平线，单击"图层"工具栏上的"图层控制"下拉按钮，选择"虚线"图层，将水平线转换成虚线，如图 6-24(b)所示。

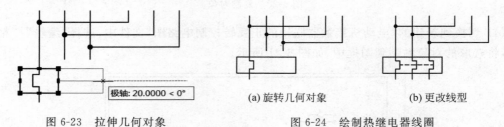

极轴：20.0000 < 0°

图 6-23　拉伸几何对象

(a) 旋转几何对象　　(b) 更改线型

图 6-24　绘制热继电器线圈

步骤四：绘制鼠笼式异步电动机及相关线路

（1）选择"线路层"图层。

（2）执行插入块命令，选择合适位置放置"三相笼型异步电动机符号"图块，如图 6-25(a)所示。

（3）执行分解命令，将此图块分解，并将图块中右边的两条竖线删除。

（4）执行直线命令，结合极轴与对象追踪模式，绘制相关线路，如图 6-25(b)所示。

（5）执行移动命令，选择圆的圆心为基点，在合适位置放置电动机图形符号。

（6）执行修剪命令，删除圆内线段，如图 6-25(c)所示。

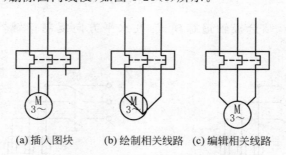

(a)插入图块　　(b)绘制相关线路　(c)编辑相关线路

图 6-25　绘制鼠笼式异步电动机

步骤五：绘制控制线路中的熔断器 FU_2

执行带基点复制命令，将 6.2.2 节"电动机点动正转控制电路图"文件中的熔断器 FU_2 符号和相关线路粘贴到本文件中，如图 6-26 所示。

步骤六：绘制热继电器常闭触点 FR、常闭、常开按钮开关 SB 及相关线路

（1）执行插入块命令，在合适位置放置"热继电器常闭触点符号"图块。

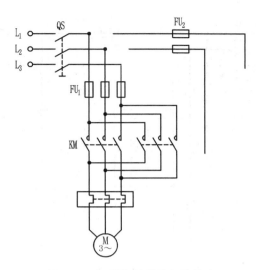

图 6-26　复制熔断器及相关线路

（2）执行插入块命令，在合适位置放置"常闭按钮开关符号"图块。

（3）执行插入块命令，在合适位置放置"常开按钮开关符号"图块。

（4）执行复制命令，结合极轴追踪模式，在常开按钮开关 SB_1 右侧绘制常开按钮开关 SB_2 符号，如图 6-27 所示。

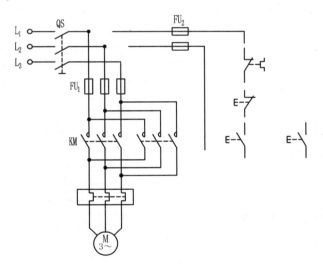

图 6-27　插入电气元件符号图块

（5）执行直线命令，结合使用夹点编辑的方法，绘制线路，连接各个元件符号，如图 6-28 所示。

步骤七：绘制接触器常开、常闭辅助触头和线圈操作器件 KM 及相关线路

（1）执行插入块命令，在常开按钮开关 SB_1 的右边合适位置放置"接触器常开辅助触头符号"图块。

（2）执行复制命令，结合极轴追踪模式，在右侧绘制接触器常开辅助触头 KM_2 符号。

（3）执行插入块命令，选择合适位置放置"接触器常闭辅助触头符号"图块。

（4）执行插入块命令，选择合适位置放置"接触器线圈操作器件符号"图块。

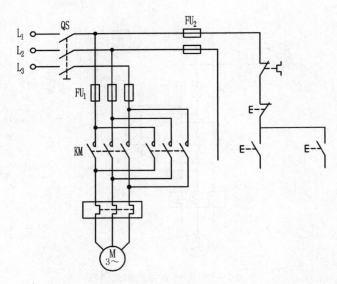

图 6-28 绘制线路

（5）执行复制命令，结合极轴与对象追踪模式，在右侧绘制常闭辅助触头 KM_1 和接触器线圈 KM_2 符号，如图 6-29 所示。

（6）执行直线命令，结合使用夹点编辑的方法，绘制线路，将各个元件符号连接。

（7）执行圆环命令，绘制接线点符号，如图 6-30 所示。

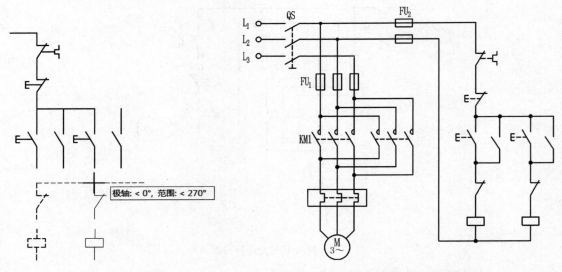

图 6-29 复制对象   图 6-30 绘制完成控制线路

步骤八：添加文字注释

（1）选择"文字说明"图层。

（2）执行复制命令，选择 QS，在其他所有需要写文字的位置复制 QS。

（3）双击需要更改的文字，逐个修改即可。

步骤九：保存文件

选择"文件"|"保存"命令，保存文件。

6.2.4　步骤点评

对于步骤三：几何对象图层的转换（特性匹配命令）

步骤三中介绍水平线的图层转换问题的解决方法，除此方法外，还可以用特性匹配命令来实现。单击"标准"工具栏上的"特性匹配"按钮 ▦ ，选择在"虚线"图层画的任意一个对象，这时十字光标变成了一把小刷子，选择水平线，则把此线从"线路层"图层放到了"虚线"图层里，水平线变为虚线。

使用"特性匹配"命令，可以将一个对象的某些或所有特性复制到其他对象，如同在 Office 中使用"格式刷"命令一样。可以复制的特性类型包括颜色、图层、线型、线型比例、线宽、打印样式、三维厚度等。

默认情况下，所有可应用的特性都自动地从选定的第一个对象复制到其他对象。

（1）启动特性匹配命令的方式。

- 菜单命令："修改（M）"|"特性匹配（M）"。
- "标准"工具栏："特性匹配"按钮 ▦ 。

命令行输入：matchprop。

（2）执行特性匹配命令的步骤。

① 执行命令。

② 选择要复制其特性的对象。

③ 如果要控制传递某些特性，则输入字母 s（设置），在打开的"特性设置"对话框中，清除不希望复制的项目（默认情况下所有项目都打开），设置完毕后，单击"确定"按钮。

④ 选择对其应用选定特性的对象并按 Enter 键。选择对象时，可以采用窗选、叉选、点选等各种选择办法。

6.2.5　总结及拓展——电动机的正反转控制

电动机的正反转控制是指电动机从正向旋转转换到反向旋转，以及从反向旋转转换到正向旋转的运行控制。电动机的正反转控制应用广泛，如门扇的自动开关控制、窗帘的自动开关控制及电梯的自动升降控制等。

从三相异步电动机的工作原理可知，三相异步电动机的旋转方向取决于定子旋转磁场的旋转方向，并且两者的转向相同，因此只要改变旋转磁场的旋转方向，就能使三相异步电动机反转，而磁场的旋转方向又取决于电源的相序，所以电源的相序决定了电动机的旋转方向。任意改变电源的相序时，电动机的旋转方向就会随之改变。即要改变三相异步电动机转动方向，只要把电动机的 3 根引出线中的两根调换一下，再接上电源就能反转了。

在电动机的正反转控制操作中，如果错误地使正转用电磁接触器和反转用电磁接触器同时动作，将会烧坏电路。要防止两相电源短路事故，接触器 KM_1 和 KM_2 的主触头决不允许同时闭合。例如，在图 6-16 中，为了保证一个接触器得电动作时，另一个接触器不能得电，就在正转控制电路中串接了一个反转接触器 KM_2 的常闭辅助触头，而在反转控制电路中串接了正转接触器 KM_1 的常闭辅助触头。这种在一个接触器得电动作时，通过其常闭辅助触头使另一个接触器不能得电动作的作用叫联锁（或互锁），实现联锁作用的常闭触头称为联锁触头（或互锁触头）。

1. 接触器联锁的正反转控制线路

三相异步电动机接触器联锁的正反转控制的优点是工作安全可靠；缺点是操作不便。因电动机从正转变为反转时，必须先按下停止按钮后，才能按反转启动按钮，否则由于接触器的联锁作用，不能实现反转。为克服此线路的不足，可采用按钮联锁或按钮与接触器双重联锁的正反转控制线路。

2. 按钮联锁的正反转控制线路

将图 6-16 中的正转按钮 SB_1 和反转按钮 SB_2 换成两个复合按钮，并使复合按钮的常闭触头代替接触器的常闭联锁触头，就构成了按钮联锁的正反转控制线路，如图 6-31 所示。

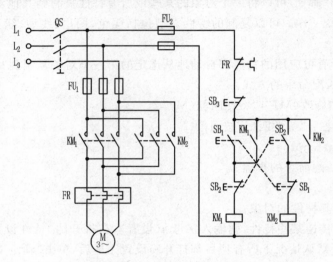

图 6-31　按钮联锁的正反转控制线路图

这种控制线路的工作原理与接触器联锁的正反转控制线路的工作原理基本相同，只是当电动机从正转改变为反转时，可直接按下反转按钮 SB_2 即可实现，不必先按停止按钮 SB_3。因为当按下反转按钮 SB_2 时，串接在正转控制电路中的 SB_2 的常闭触头先分断，使正转接触器 KM_1 线圈失电，KM_1 的主触头和自锁触头分断，电动机 M 反转。SB_2 的常闭触头分断后，其常开触头才随后闭合，接通反转控制电路，电动机 M 反转。这样既保证了 KM_1 和 KM_2 的线圈不会同时通电，又可不按停止按钮而直接按反转按钮实现反转。同样，若使电动机从反转运行变为正转运行时，也只要直接按下正转按钮 SB_1 即可。

按钮联锁的正反转控制线路的优点是操作方便；缺点是容易产生电源两相短路故障。如果当正转接触器 KM_1 发生主触头熔焊或被杂物卡住等故障时，即使接触器线圈失电，主触头也分断不开，这时若直接按下反转按钮 SB_2，KM_2 得电动作，主触头闭合，必然造成电源两相短路故障，所以此线路工作不够安全可靠。在实际工作中，经常采用的是按钮、接触器双重联锁的正反转控制线路。

3. 按钮、接触器双重联锁的正反转控制线路

按钮、接触器双重联锁的正反转控制线路，如图 6-32 所示。这种线路是在按钮联锁的基础上，又增加了接触器联锁，故兼有两种联锁控制线路的优点，线路操作方便，工作安全可靠。

6.2.6　随堂练习

(1) 绘制按钮联锁的正反转控制线路图，见图 6-31。

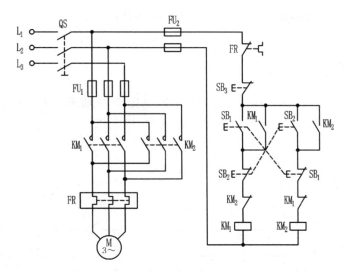

图 6-32 双重联锁的正反转控制线路图

（2）绘制按钮、接触器双重联锁的正反转控制线路图，见图 6-32。

6.3 电动机降压启动控制电路图

6.3.1 案例介绍及知识要点

绘制定子绕组串接电阻降压启动控制电路图，如图 6-33 所示。

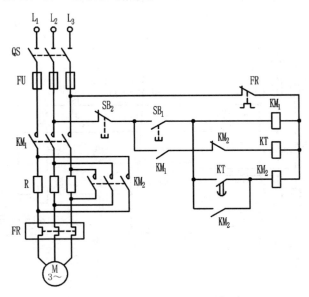

图 6-33 串接电阻降压启动控制电路图

【知识点】

（1）定子绕组串接电阻降压启动电路的工作原理。

（2）定子绕组串接电阻降压启动电路的绘制方法。

（3）三相异步电动机降压启动控制的方式和优缺点。

（4）"拉伸"命令。

6.3.2　绘图分析

定子绕组串接电阻降压启动电路的工作原理，如图 6-34 所示。电动机启动电阻的短接时间由时间继电器自动控制。按下 SB_2，控制电路失电，电动机 M 失电停转。

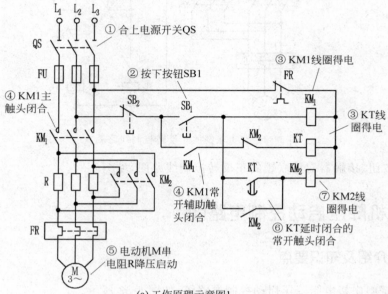

(a) 工作原理示意图1

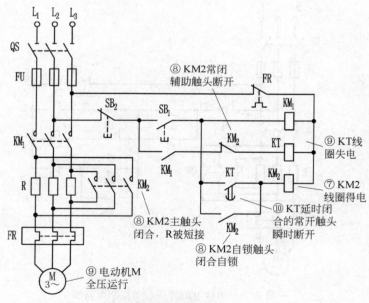

(b) 工作原理示意图2

图 6-34　串接电阻降压启动控制电路原理示意图

绘制电动机串接电阻降压启动电路图,首先绘制供电线路,再添加控制线路。绘制思路如下:首先进行图纸布局,利用前期建立的电气元件符号图块库,通过插入图块的方法,分别绘制主要的电气元件符号,如图 6-35 所示;然后绘制导线连接各个电气元件;最后标注文字注释。对于本节电路图的绘制,可以利用 6.2 节绘制的电路图的相同部分,通过带基点复制的方法粘贴,达到不再重复绘制,提高绘图效率的目的。

(a) 三极隔离开关QS (b) 常开按钮开关SB　(c) 常闭按钮开关SB　(d) 接触器(常开)辅助触头KM (e) 接触器(常开)主触头KM

(f) 接触器线圈KM (g) 接触器 (常闭)辅助触头KM (h) 熔断器FU　　(i) 热继电器热元件FR　(j) 热继电器常闭触点FR

(k) 电阻R　　(l) 三相笼型异步电动机M　　(m) 延时闭合的常开触点KT

图 6-35　电路图所需的电气元件符号

6.3.3　操作步骤

步骤一:新建文件

利用建立的 A3 样板文件新建图形,保存为"电动机串接电阻降压启动电路图"。

步骤二:图纸布局,绘制接线端子和三极隔离开关 QS

(1) 选择"元件层"图层。

(2) 执行插入块命令,选择合适位置放置"三极隔离开关符号"图块。

(3) 执行圆命令,选择两点画圆的方法,绘制一个直径为 3 的圆。

(4) 执行复制命令,绘制另外两个端子符号,如图 6-36 所示。

步骤三:绘制熔断器 FU、接触器主触头 KM₁、热继电器线圈 FR、鼠笼式异步电动机及相关线路

(1) 执行带基点复制命令,将 6.2 节"电动机接触器联锁的正反转控制电路图"文件中的熔断器 FU_1、接触器主触头 KM_1、热继电器线圈 FR、鼠笼式异步电动机符号和相关线路粘贴到本文件中。

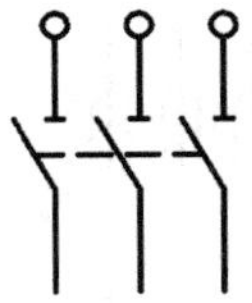

(2) 执行删除命令,删除粘贴过来的多余导线和接线点符号,如图 6-37(a) 所示。

(3) 单击"修改"工具栏上的"拉伸"按钮 ⬚,选择熔断器 FU_1 图形符号和相关线路,按 Enter 键。

(4) 单击,选择长方形边线的中点为基点,向上移动鼠标至合适位置,如图 6-37(b) 所示。

(5) 单击"修改"工具栏上的"拉伸"按钮 ⬚,选择接触器常开主触头 KM_1 符号和相关线路,按 Enter 键。

图 6-36　绘制接线端子和三极隔离开关

（6）单击，选择 KM_1 符号的上端点为基点，向上移动鼠标至合适位置，如图 6-37（c）所示。

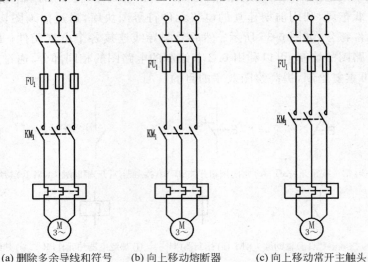

(a) 删除多余导线和符号   (b) 向上移动熔断器   (c) 向上移动常开主触头

图 6-37   拉伸几何对象

步骤四：绘制电阻 R、接触器常开主触头 KM_2 及相关电路

（1）执行插入块命令，设置旋转角度为 270°，选择合适位置放置"电阻器符号"图块。

（2）同样方法，分别插入两个"电阻器符号"图块。

（3）执行修剪命令，选中这 3 个电阻器符号，如图 6-38（a）所示，按 Enter 键。单击，分别选中长方形内的 3 条线段，完成电阻器的绘制，如图 6-38（b）所示。

（4）执行插入块命令，选择合适位置放置"接触器常开主触头符号"图块。

（5）选择"线路层"图层，执行直线命令，绘制相关线路，如图 6-39 所示。

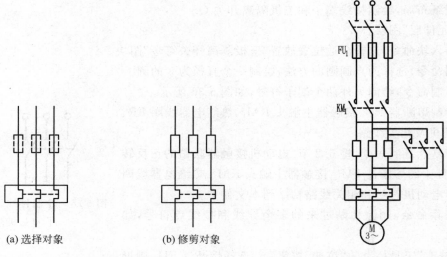

(a) 选择对象   (b) 修剪对象

图 6-38   绘制电阻器

图 6-39   绘制接触器常开主触头及相关线路

步骤五：绘制控制线路中的常开按钮开关 SB_1、常闭按钮开关 SB_2、热继电器常闭触点 FR 及相关线路

（1）执行插入块命令，设置旋转角度为 90°，选择合适位置放置"常闭按钮开关符号"图块。

（2）执行插入块命令，设置旋转角度为 90°，选择合适位置放置"常开按钮开关符号"图块。

（3）执行插入块命令，设置旋转角度为 90°，选择合适位置放置"热继电器常闭触点符号"图块。

（4）执行直线命令，绘制相关线路，如图 6-40 所示。

（5）执行镜像命令，选择热继电器常闭触点符号中的"热执行器操作符号"，按 Enter 键。

（6）选择虚线下端点为起点的水平线为镜像线，如图 6-41 所示。

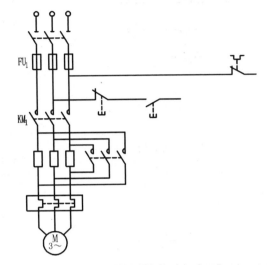

图 6-40　绘制按钮开关和热继电器常闭触点及相关线路

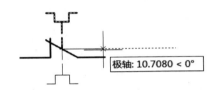

图 6-41　镜像热执行器操作符号

（7）输入 Y，即选择删除源对象，按 Enter 键。

步骤六：绘制接触器常开、常闭辅助触头和线圈 KM、时间继电器延时闭合的常开触点和线圈 KT 及相关线路

（1）执行插入块命令，设置旋转角度为 90°，选择常开按钮开关 SB₁ 符号下方合适位置放置"接触器常开辅助触头符号"图块。

（2）执行插入块命令，设置旋转角度为 90°，选择接触器常开辅助触头 KM₁ 符号左侧合适位置放置"接触器常闭辅助触头符号"图块。

（3）执行插入块命令，设置旋转角度为 90°，选择接触器常闭辅助触头 KM₂ 符号下方合适位置放置时间继电器的"延时闭合的常开触点符号"图块。

（4）执行复制命令，在延时闭合的常开触点 KT 符号下方合适位置复制接触器常开辅助触头 KM₁ 符号。

（5）执行插入块命令，设置旋转角度为 90°，选择合适位置放置"接触器线圈符号"图块。

（6）执行复制命令，选择接触器线圈 KM₁ 符号，在其下方复制两个线圈，如图 6-42 所示。

（7）执行直线命令，绘制相关线路。

（8）执行圆环命令，绘制接线点符号，如图 6-43 所示。

步骤七：添加文字注释

（1）选择"文字说明"图层。

（2）执行复制命令，选择 FU，在其他所有需要写文字的位置复制 FU。

（3）双击需要更改的文字，逐个修改即可。

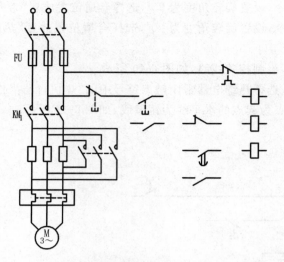

图 6-42　绘制控制线路中的电气元件符号

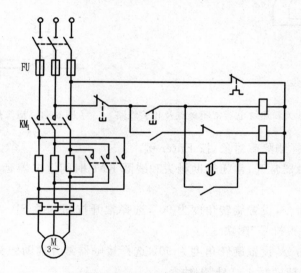

图 6-43　绘制接线点符号

步骤八：保存文件

选择"文件"|"保存"命令，保存文件。

6.3.4　步骤点评

对于步骤三：拉伸命令

当绘制的实体长度需要改变，或部分实体的位置需要改变，而与之相关联的实体长度也要随之变长或变短时，不必重新绘制实体，用 AutoCAD 中的拉伸命令就可以轻松地进行修改，调整对象大小使其在一个方向上按比例增大或缩小。使用拉伸命令时，必须用交叉多边形或交叉窗口的方式来选择对象。如果将对象全部选中，则该命令相当于 move 命令；如果选择了部分对象，则拉伸命令只移动选择范围内的对象的端点，而其他端点保持不变。可用于拉伸命令的对象包括圆弧、椭圆弧、直线、多段线、射线、样条曲线等。

（1）启动拉伸命令的方式。

- 菜单命令："修改（M）"|"拉伸（H）"。
- "修改"工具栏："拉伸"按钮 ▣。

命令行输入：stretch。

（2）执行拉伸命令的步骤。

① 执行命令。

② 以交叉窗口或交叉多边形选择要拉伸的对象，按 Enter 键。

③ 确定要拉伸对象的基准点。

④ 指定要拉伸到的位置点。

（3）指定拉伸距离和方向的方式。

① 在屏幕上指定两个点，这两点的距离和方向代表了拉伸的距离和方向。

当 AutoCAD 提示"指定基点："时，指定拉伸的基准点。当 AutoCAD 提示"指定第二个点"时，捕捉第二点或输入第二点相对于基准点的相对直角坐标或极坐标。

② 以"X，Y"方式输入对象沿 X、Y 轴拉伸的距离，或用"距离＜角度"方式输入拉伸的距离和方向。

当 AutoCAD 提示"指定基点："时，输入拉伸值。在 AutoCAD 提示"指定第二个点"时，按 Enter 键确认，这样 AutoCAD 就以输入的拉伸值来拉伸对象。

③ 打开正交或极轴追踪模式，就能方便地将实体只沿 X 轴或 Y 轴方向拉伸。

当 AutoCAD 提示"指定基点："时，单击一点并把实体向水平或竖直方向拉伸，然后输入拉伸值。

④ 使用"位移（D）"选项。

选择该选项后，AutoCAD 提示"指定位移"，此时，以"X，Y"方式输入沿 X、Y 轴拉伸的距离，或以"距离＜角度"方式输入拉伸的距离和方向。

提示：拉伸命令既可以延长对象也可以缩短对象。如果拉伸的图线带尺寸标注或有关联填充，其尺寸数值和填充都随之改变为拉伸后的实际大小。

6.3.5　总结及拓展——三相异步电动机降压启动控制

容量小的电动机才允许采取直接启动，容量较大的笼型异步电动机因启动电流较大，一般都采用降压启动方式。降压启动是指利用启动设备将电压适当降低后加到电动机的定子绕组上进行启动，待电动机启动运转后，再使其电压恢复到额定值正常运转。由于电流随电压的降低而减小，所以降压启动达到了减小启动电流的目的。同时，由于电动机转矩与电压的平方成正比，所以降压启动也将导致电动机的启动转矩大大降低。因此，降压启动需要在空载或轻载下启动。

常见的降压启动的方法有定子绕组串电阻（或电抗）降压启动、自耦变压器降压启动、星形—三角形降压启动、使用软启动器等。常用的方法是星形—三角形降压启动和使用软启动器。

1. 定子绕组串接电阻降压启动控制

定子绕组串接电阻降压启动是指在电动机启动时，把电阻串接在电动机定子绕组与电源之间，通过电阻的分压作用，来降低定子绕组上的启动电压；待启动后，再将电阻短接，使电动机在额定电压下正常运行。由于电阻上有热能损耗，如用电抗器则体积、成本又较大，因此该方法很少使用。这种降压启动控制线路有手动控制、接触器控制、时间继电器控制等。

2. 定子串自耦变压器(TM)降压启动控制

自耦变压器降压启动是指电动机启动时,利用自耦变压器来降低加在电动机定子绕组上的启动电压;待电动机启动后,再使电动机与自耦变压器脱离,从而在全压下正常运动。这种降压启动分为手动控制和自动控制两种。

自耦变压器的高压边投入电网,低压边接至电动机,有几个不同电压比的分接头供选择。

设自耦变压器的变比为 K,原边电压为 U_1,副边电压 $U_2 = U_1/K$,副边电流 I_2(即通过电动机定子绕组的线电流)也按正比减小。由变压器原副边的电流关系知 $I_1 = I_2/K$,可见原边的电流(即电源供给电动机的启动电流)比直接流过电动机定子绕组的要小,即此时电源供给电动机的启动电流为直接启动时的 $1/K^2$ 倍。由于电压降低为 $1/K$ 倍,所以电动机的转矩也降为 $1/K^2$ 倍。

自耦变压器副边有 2~3 组抽头,二次电压分别为原边电压的 80%、60%、40%。

自耦变压器降压启动的优点是可以按允许的启动电流和所需的启动转矩来选择自耦变压器的不同抽头实现降压启动,而且不论电动机的定子绕组采用 Y 或△接法都可以使用;缺点是设备体积大,投资较贵。

3. 星形—三角形(Y—△)降压启动控制

星形—三角形降压启动是指电动机启动时,把定子绕组接成星形,以降低启动电压,限制启动电流;待电动机启动后,再把定子绕组改接成三角形,使电动机全压运行。只有正常运行时,定子绕组作三角形联接的异步电动机才可采用这种降压启动方法。

电动机启动时,接成星形,加在每相定子绕组上的启动电压只有三角形接法直接启动时的 $1/\sqrt{3}$,启动电流为直接采用三角形接法时的 1/3,启动转矩也只有三角形接法直接启动时的 1/3。所以这种降压启动方法,只适用于轻载或空载下启动。星形—三角形降压启动的最大优点是设备简单、价格低,因而获得较为广泛的应用;缺点是只用于正常运行时为三角形接法的电动机,降压比固定,有时不能满足启动要求。

6.3.6　随堂练习

绘制定子串自耦变压器降压启动控制电路图,如图 6-44 所示。

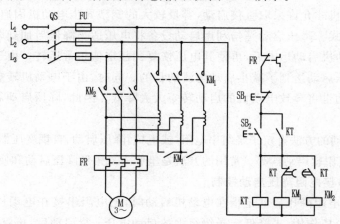

图 6-44　定子串自耦变压器降压启动控制电路图

6.4　电动机反接制动基本控制电路图

6.4.1　案例介绍及知识要点

绘制单向启动反接制动控制电路图,如图 6-45 所示。

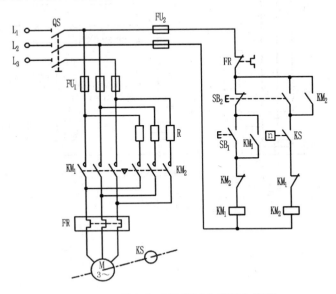

图 6-45　单向启动反接制动控制电路图

【知识点】
(1) 单向启动反接制动控制电路的工作原理。
(2) 单向启动反接制动控制电路的绘制方法。
(3) 三相异步电动机制动控制的方式和优缺点。
(4) "合并"命令。

6.4.2　绘图分析

相序互换的反接制动控制线路见图 6-45。当电动机正常运转需制动时,将三相电源相序切换,然后在电动机转速接近零时将电源及时切掉。控制电路是采用速度继电器来判断电动机的零速点并及时切断三相电源的。速度继电器 KS 的转子与电动机的轴相连,当电动机正常运转时,速度继电器的常开触头闭合,当电动机停车转速接近零时,KS 的动合触头断开,切断接触器的线圈电路。单向启动反接制动控制电路的工作原理如图 6-46 所示。

绘制单向启动反接制动控制电路图,首先绘制供电线路,再添加控制线路。绘制思路如下:首先进行图纸布局,利用前期建立的电气元件符号图块库,通过插入图块的方法,分别绘制主要的电气元件符号,如图 6-47 所示;然后绘制导线连接各个电气元件;最后标注文字注释。对于本节电路图的绘制,可以利用 6.2 节绘制的电路图的相同部分,通过带基点复制的方法粘贴过来,达到不再重复绘制,提高绘图效率的目的。

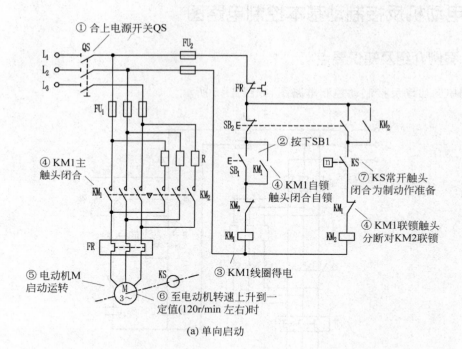

(a) 单向启动

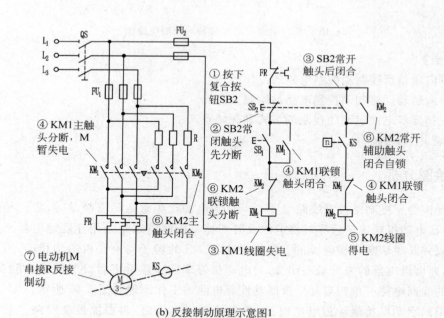

(b) 反接制动原理示意图1

图 6-46 单向启动反接制动控制电路原理示意图

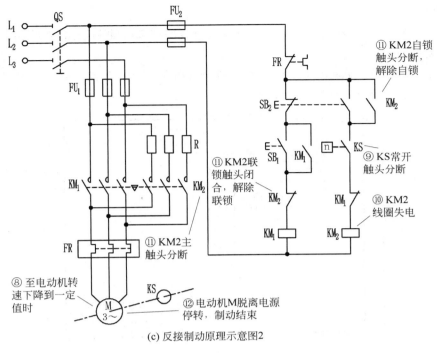

图 6-46 （续）

(c) 反接制动原理示意图2

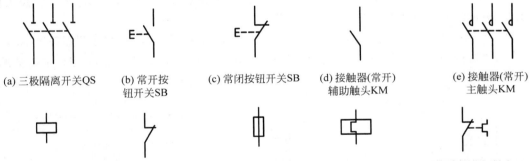

(a) 三极隔离开关QS　(b) 常开按钮开关SB　(c) 常闭按钮开关SB　(d) 接触器(常开)辅助触头KM　(e) 接触器(常开)主触头KM

(f) 接触器线圈KM　(g) 接触器(常闭)辅助触头KM　(h) 熔断器FU　(i) 热继电器热元件FR　(j) 热继电器常闭触点FR

(k) 电阻R　(l) 三相笼型异步电动机M　(m) 速度继电器KS

图 6-47　电路图所需的电气元件符号

6.4.3　操作步骤

步骤一：新建文件

利用建立的 A3 样板文件新建图形，保存为"单向启动反接制动控制电路图"。

步骤二：图纸布局，绘制供电线路

（1）选择"线路层"图层。

（2）单击"快速访问"工具栏上的"打开"按钮 📂，打开 6.2 节"电动机接触器联锁的正反转控制电路图"文件。

（3）选择"编辑"|"带基点复制"命令，选择供电线路和部分控制线路，在线路上任选一点作为基点，复制完成。

（4）切换到新建的"单向启动反接制动控制电路图"文件中，选择"编辑"|"粘贴"命令，将选取的对象粘贴到图框中，如图 6-48 所示。

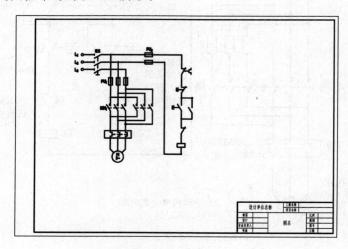

图 6-48　复制对象

（5）执行拉伸命令，选择接触器主触头 KM、热继电器热元件 FR、电动机 M 及相关线路，如图 6-49（a）所示。向下移动鼠标至合适位置，如图 6-49（b）所示。

（6）执行插入块命令，设置旋转角度为 270°，选择合适位置分别插入 3 个"电阻器符号"图块。

（7）执行修剪命令，选中这 3 个电阻器符号，将长方形内的 3 条线段删除，完成电阻器的绘制，如图 6-50 所示。

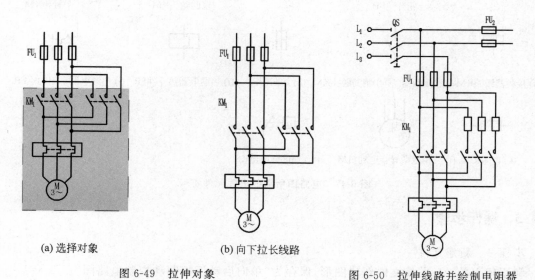

　　　（a）选择对象　　　　　　（b）向下拉长线路

图 6-49　拉伸对象　　　　　　　　图 6-50　拉伸线路并绘制电阻器

（8）单击"修改"工具栏上的"合并"按钮 ⊬，选择如图 6-51（a）所示的左边虚线，再选择右边虚线，按 Enter 键，如图 6-51（b）所示。

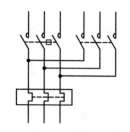
(a) 选择左边常开主触头上虚线

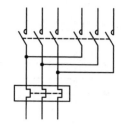
(b) 选择右边常开主触头上虚线

图 6-51 合并对象

(9) 执行多边形命令,选择虚线的中点为内接圆的圆心,绘制等边三角形。

(10) 选择"中心线"图层。执行直线命令,设置极轴角为 15°,绘制一条斜线。

(11) 选择"元件层"图层,执行圆命令,选择合适位置绘制一个直径为 8 的圆。

(12) 执行打断命令,删除圆内部分线段,如图 6-52 所示。

步骤三:绘制控制线路

(1) 执行复制命令,选择接触器常开辅助触头 KM 符号,在其右上方合适位置复制两次。

(2) 使用夹点编辑的方法,将常闭按钮开关 SB 符号中的虚线拉长,如图 6-53 所示。

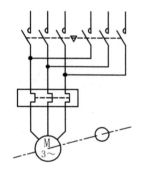

图 6-52 绘制供电线路剩余部分

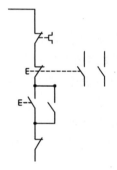

图 6-53 复制并修改对象

(3) 选择"线路层"图层。执行直线命令,连接相关元件符号,绘制线路。

(4) 执行插入块命令,选择合适位置插入"速度继电器符号"图块,如图 6-54 所示。

(5) 执行复制命令,选择接触器常闭辅助触头、线圈和部分线路,绘制如图 6-55 所示的电路。

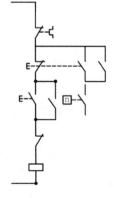

图 6-54 绘制速度继电器符号

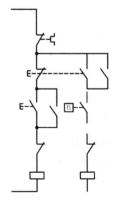

图 6-55 复制对象

（6）执行直线命令，连接相关元件符号，绘制线路。

（7）执行圆环命令，绘制接线点符号，如图 6-56 所示。

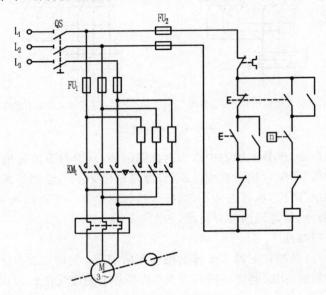

图 6-56　绘制接线点符号

步骤四：添加文字注释

（1）选择"文字说明"图层。

（2）执行复制命令，选择 QS，在其他所有需要写文字的位置复制 QS。

（3）双击需要更改的文字，逐个修改即可。

步骤五：保存文件

选择"文件"|"保存"命令，保存文件。

6.4.4　步骤点评

对于步骤二：合并命令

（1）启动合并命令的方式。

- 菜单命令："修改(M)"|"合并(J)"。

- "修改"工具栏："合并"按钮 ⟶⟵ 。

命令行输入：join。

（2）执行合并命令的步骤。

① 执行命令，选择源对象。

② 选择要合并的对象，按 Enter 键。

合并命令是将几个对象合并，以形成一个完整的对象，选择源对象可以是一条直线、多段线、圆弧、椭圆弧或样条曲线等。

源对象为圆弧，则选择对象为一个或多个圆弧，可输入 L 选项将源圆弧转换成圆。若各个对象特性不同，最后均变为源对象特性，如图 6-57 所示。

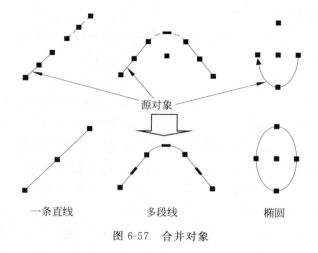

图 6-57　合并对象

6.4.5　总结及拓展——三相异步电动机的制动控制

电动机断开电源后,由于惯性作用不会马上停止转动,而需要转动一段时间才会完全停下来。这种情况对于某些生产机械是不适宜的,如起重机的吊钩需要准确定位等。实现生产机械的这种要求就需要对电动机进行制动。

制动,就是给电动机一个与转动方向相反的转矩使它迅速停转(或限制其转速)。制动的方法一般分为机械制动和电气制动。利用机械装置使电动机断开电源后迅速停转的方法称为机械制动。机械制动常用的方法有电磁抱闸和电磁离合器制动。电气制动是电动机产生一个和转子转速方向相反的电磁转矩,使电动机转速迅速下降。三相交流异步电动机常用的电气制动方法有能耗制动、反接制动和回馈制动。

1. 反接制动

异步电动机反接制动的方法有两种,一种是在负载转矩作用下使电动机反转的倒拉反转反接制动,其不能准确停车;另一种是依靠改变三相异步电动机定子绕组中三相电源的相序产生制动力矩,迫使电动机迅速停转。

反接制动的优点是制动力强,制动迅速;缺点是制动准确性差,制动过程中冲击强烈,易损坏传动零件,制动能量消耗大,不宜经常制动。因此反接制动一般适用于制动要求迅速、系统惯性较大、不经常启动与制动的场合。

2. 能耗制动

能耗制动是当电动机切断交流电源后,立即在定子绕组的任意两相中通入直流电,迫使电动机迅速停转。

其方法是先断开电源开关,切断电动机的交流电源,这时转子仍沿原方向惯性运转;随后向电动机两相定子绕组通入直流电,使定子中产生一个恒定的静止磁场,这样做惯性运转的转子因切割磁力线而在转子绕组中产生感应电流,又因受到静止磁场的作用,产生电磁转矩,正好与电动机的转向相反,使电动机受制动迅速停转。由于这种制动方法是在定子绕组中通入直流电以消耗转子惯性运转的动能来进行制动的,所以称为能耗制动。

能耗制动的优点是制动准确、平稳,且能量消耗较小;缺点是需要附加直流电源装置,设备费用较高,制动力较弱,在低速时制动力矩小。所以,能耗制动一般用于要求制动准确、平稳的场合。

3. 回馈制动

回馈制动又称为发电制动、再生制动,主要用在起重机械和多速异步电动机上。

当起重机在高处开始下放重物时,电动机转速 n 小于同步转速 n_1,这时电动机处于电动运行状态;但由于重力的作用,在重物的下放过程中,会使电动机的转速 n 大于同步转速 n_1,这时电动机处于发电运行状态,转子相对于旋转磁场切割磁力线的运动方向会发生改变,其转子电流和电磁转矩的方向都与电动运行时相反,电磁力矩变为制动力矩,从而限制了重物的下降速度,不至于重物下降得过快,保证了设备和人身安全。

对多速电动机变速时,如使电动机由二级变为四级时,定子旋转磁场的同步转速 n_1 由 3000r/nin 变为 1500r/min,而转子由于惯性仍以原来的转速 n(接近 3000r/min)旋转,此时 $n>n_1$,电动机产生回馈制动。

回馈制动是一种比较经济的制动方法,制动时不需要改变线路即可从电动运行状态自动地转入发电制动状态,把机械能转化成电能再回馈到电网,节能效果显著;其缺点是应用范围较小,仅当电动机转速大于同步转速时才能实现发电制动。

6.4.6　随堂练习

绘制单向启动能耗制动控制电路图,如图 6-58 所示。

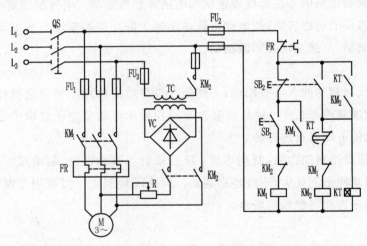

图 6-58　单向启动能耗制动控制电路图

6.5　上机练习

(1) 绘制电动机间歇运行控制电路图,如图 6-59 所示。

(2) 绘制 3 台电动机相互独立控制的电气控制电路图,如图 6-60 所示。

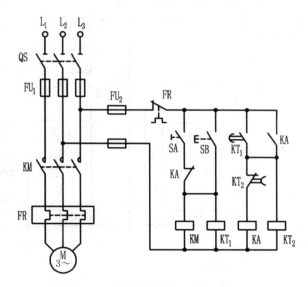

图 6-59　电动机间歇运行控制电路图

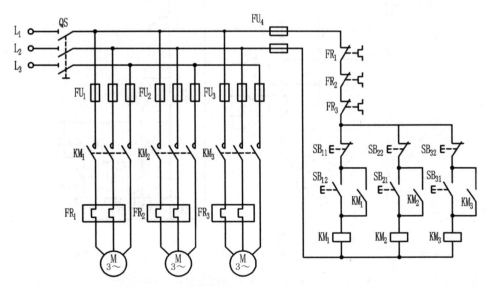

图 6-60　三台电动机相互独立控制的电气控制电路图

（3）绘制三相异步电动机的 Y—△降压启动控制电路图，如图 6-61 所示。

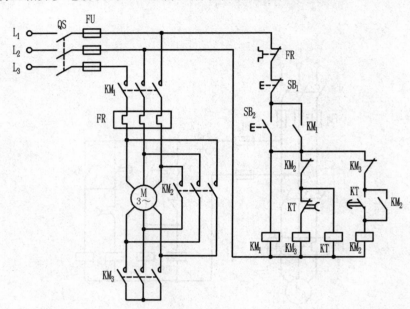

图 6-61　三相异步电动机的 Y—△降压启动控制电路图

（4）绘制转子回路串接频敏变阻器启动控制电路图，如图 6-62 所示。

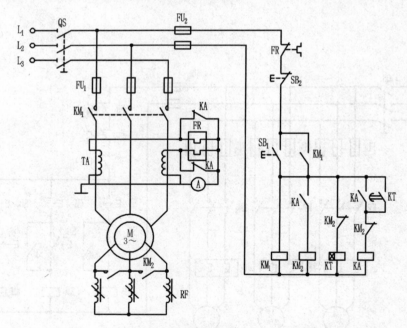

图 6-62　转子回路串接频敏变阻器启动控制电路图

第 **7** 章

机械电气设备控制电路图

　　机械电气是一类比较特殊的电气,主要指应用于机床上的电气系统,故也可称为机床电气,包括应用在车床、磨床、钻床、铣床以及镗床上的电气。机床电气系统包括机床的电气控制系统、伺服驱动系统、计算机控制系统等。随着数控系统的发展,机床电气也成为电气工程的一个重要组成部分。

7.1　车床电气控制电路图

7.1.1　案例介绍及知识要点

　　绘制 CA6140 型车床电气控制电路图,如图 7-1 所示。

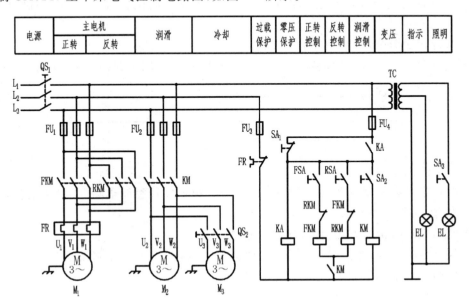

图 7-1　CA6140 型车床电气控制电路图

【知识点】

(1) 普通车床电气控制电路的工作原理。

（2）普通车床电气控制电路的绘制方法。

（3）机床电气系统的构成。

（4）编辑文字的方法。

7.1.2　绘图分析

CA6140 型卧式车床电气控制电路由 3 部分组成，其中从电源到 3 台电动机的电路称为主回路，这部分电路中流过的电流较大。主回路主要表达 3 台交流异步电动机的供电情况、过载保护、接触器触点的放置等，相当于 3 台并联交流异步电动机的供电系统图。由接触器、继电器等组成的电路称为控制回路。控制回路的作用是使车床的各个电动机按切削运动的需要运转，控制各个电动机的起停、正反转等。第三部分是照明及指示回路，由变压器次级供电，其中指示灯的电压为 6.3V，照明灯的电压为 36V 安全电压。照明指示回路为整个机床提供总电源是否接通和照明功能，是不可缺少的一部分。

绘制这样的电气图分为以下几个阶段：首先按照线路的分布情况绘制主连接线，然后分别绘制各个元器件，将各个元器件按照顺序依次用导线连接成图纸的 3 个主要组成部分，再把 3 个主要组成部分按照合适的尺寸平移到对应的位置，最后添加文字注释。

7.1.3　操作步骤

步骤一：新建文件

利用建立的 A3 样板文件新建图形，保存为"CA6140 型车床电气控制电路图"。

步骤二：图纸布局，绘制主连接线

（1）选择"线路层"图层。

（2）执行插入块命令，设置旋转角度为 270°，选择合适位置放置"三极控制开关符号"图块。

（3）执行直线命令，绘制一条水平直线。

（4）执行偏移命令，指定偏移距离为 10，选择水平直线，向下偏移两条，如图 7-2 所示。

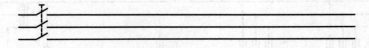

图 7-2　绘制主连接线和多极开关

步骤三：绘制主回路

（1）执行带基点复制命令，将 6.2 节"接触器联锁正反转控制电路"文件中的供电线路粘贴到本文件中，如图 7-3 所示。

（2）使用夹点编辑的方法，将熔断器上方的导线拉长。

（3）执行删除命令，将接线点符号和接触器常开主触头符号中的圆弧去掉。

（4）使用夹点编辑的方法，修改部分线路。

（5）执行删除和镜像命令，修改热继电器热元件符号，如图 7-4 所示。

（6）执行缩放命令，选择比例因子为 1.5，放大电动机符号。

（7）执行移动命令，选择合适位置放置电动机符号。

（8）执行删除命令，结合使用夹点编辑的方法，绘制电动机的连接线路。

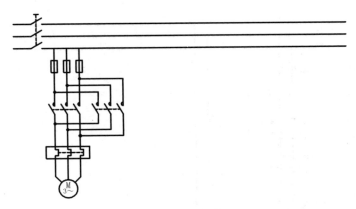

图 7-3　复制对象

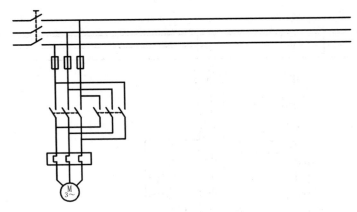

图 7-4　修改对象

（9）执行直线和复制命令，绘制机壳接地，如图 7-5 所示。

（10）执行复制命令，选择供电线路，在合适位置放置第 2 台电动机线路。

（11）执行删除命令，删除接线点符号和热继电器热元件符号。

（12）执行合并命令，将断开的导线绘制成一条直线，如图 7-6 所示。

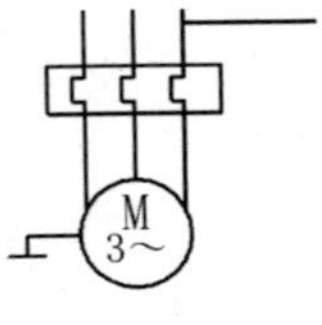

图 7-5　绘制电动机

（13）执行复制命令，选择第 2 台电动机线路中的接触器常开触头、电动机及相关线路，绘制第 3 台电动机线路。

（14）执行拉伸和直线命令，修改第 3 台电动机线路，如图 7-7 所示。

步骤四：绘制控制回路

（1）执行插入块命令，分别选择合适位置放置"熔断器符号"和"热继电器热元件符号"图块。

（2）执行镜像命令，修改热继电器热元件符号。

（3）执行直线命令，结合使用夹点编辑的方法，绘制保护电路，如图 7-8 所示。

（4）执行插入块命令，分别选择合适位置放置"常开按钮开关符号"、"接触器常闭辅助触头符号"和"接触器线圈符号"图块。

（5）执行复制命令，选择刚插入的 3 个图块，在合适位置绘制反向连锁控制线路元件。

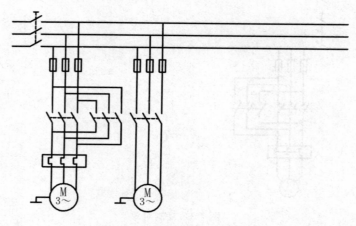

图 7-6　绘制第 2 台电动机线路

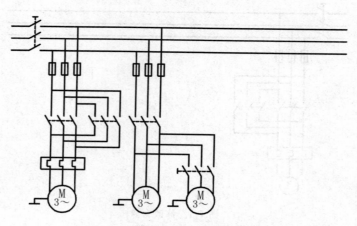

图 7-7　绘制第 3 台电动机线路

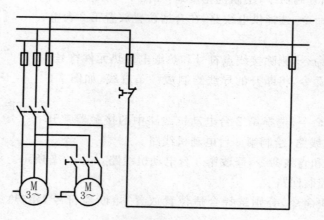

图 7-8　绘制保护电路

　　（6）执行直线命令，结合使用夹点编辑的方法，绘制连接导线，如图 7-9 所示。

　　（7）执行插入块命令，分别选择合适位置放置"常开按钮开关符号"、"接触器线圈符号"和"接触器常开辅助触头符号"图块。

　　（8）执行直线命令，结合使用夹点编辑的方法，绘制连接导线，如图 7-10 所示。

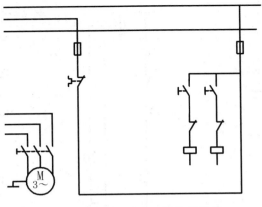

图 7-9　绘制正反向互锁控制线路

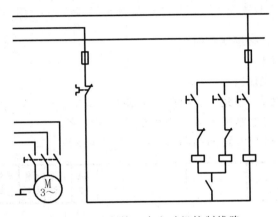

图 7-10　绘制第 2 台电动机控制线路

（9）执行插入块命令，分别选择合适位置放置"常闭触点符号"、"继电器线圈符号"和"继电器常开辅助触头符号"图块。

（10）执行直线命令，结合使用夹点编辑的方法，绘制连接导线。

（11）执行拉伸命令，调整图形，使图形显得整齐、紧凑，如图 7-11 所示。

步骤五：绘制照明指示回路

（1）执行插入块命令，选择合适位置放置"单相变压器符号"图块。

（2）执行矩形命令，在线圈中间绘制一个窄长矩形。

（3）执行图案填充命令，选择 Solid 图案，填充矩形，如图 7-12 所示。

（4）执行插入块命令，选择合适位置放置"照明灯符号"图块。

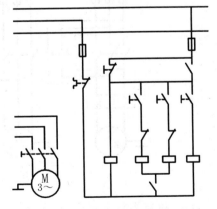

图 7-11　绘制主轴电动机零压保护

（5）执行直线命令，结合使用夹点编辑的方法，绘制指示回路中的导线，如图 7-13 所示。

（6）执行复制命令，分别选择开关和照明灯符号，在指示回路右侧复制。

（7）执行直线命令，结合使用夹点编辑的方法，绘制照明回路中的导线，如图 7-14 所示。

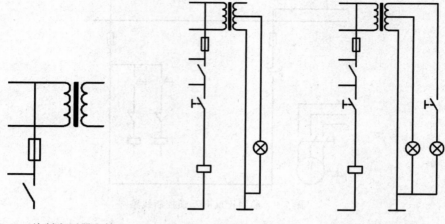

图 7-12　绘制变压器和铁芯　　　图 7-13　绘制指示回路　　　图 7-14　绘制照明回路

（8）执行圆环命令，绘制接线点符号。

步骤六：添加文字注释

（1）选择"文字说明"图层。

（2）执行表格样式命令，创建"功能标识"表格样式。

（3）执行表格命令，在电路图上方绘制表格并书写文字。

（4）编辑表格，使表格与电路图相贴合，如图 7-15 所示。

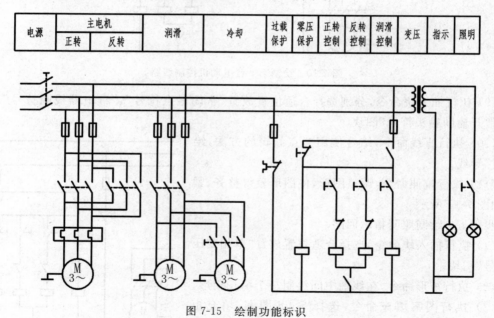

电源	主电机		润滑	冷却	过载保护	零压保护	正转控制	反转控制	润滑控制	变压	指示	照明
	正转	反转										

图 7-15　绘制功能标识

（5）执行多行文字命令，字高为 6，书写 L_1。

（6）执行复制命令，在其他所有需要写文字的位置复制 L_1。

（7）选择"修改"|"对象"|"文字"|"编辑"命令，逐个选择对象，输入正确文字注释即可。

步骤七：保存文件

选择"文件"|"保存"命令，保存文件。

7.1.4 步骤点评

对于步骤六：编辑文字

编辑文字的常用方法有 3 种。一是鼠标双击要修改的文字，进行编辑，例如第 6 章的文字修改；二是使用"特性"命令，7.2 节介绍；三是使用文字编辑命令进行修改。

(1) 启动文字编辑命令的方式。

- 菜单命令："修改(M)"|"对象(O)"|"文字(T)"|"编辑(E)"。
- 命令行输入：ddedit。

(2) 执行文字编辑命令的步骤。

① 执行命令。

② 选择要修改的文字，出现文字编辑器。

③ 修改文字，单击"确定"按钮。

使用 ddedit 命令编辑文字的优点是：此命令连续地提示用户选择要编辑的对象，因而只要发出 ddedit 命令就能一次修改许多文字对象。

7.1.5 总结及拓展——电路原理说明

1. 启动准备

合上电源总开关 QS_1，接通电源，变压器 TC 次级有电，则指示灯 HL 变亮。合上开关 SA_3，照明灯 BL 点亮。

2. 润滑泵、冷却泵启动

在启动主电动机之前，先合上开关 SA_2，则交流接触器 KM 吸合。一方面，KM 的主触点闭合，使润滑泵电动机运转；另一方面，KM 的常开触电接通，为 FKM、RKM 吸合做了准备，保证了先启动润滑泵使车床润滑良好后才启动主电动机。在润滑泵电动机 M_2 启动后，可合上转换开关 QS_2，使冷却泵电动机 M_3 启动运转。

3. 主电动机启动

若需主电动机正转，则将启动手柄置于"正转"位置，即交流接触器 FKM 得电吸合，它的主触点闭合，使主电动机 M_1 正转，同时 FKM 的常闭辅助触点断开，其作用是对反转交流接触器 RKM 进行互锁。

若需主电动机反转，只要将启动手柄置于"反转"位置，即交流接触器 RKM 得电吸合，它的主触点闭合，使主电动机 M_1 反转，同时 FKM 的常闭辅助触点断开，其作用是对正转交流接触器 FKM 进行互锁。

主电动机 M_1 需要停止工作时，只要将转换开关置于"零位"，则 FKM 和 RKM 均断开，正转和反转均停止，并为下一次启动主电动机做了准备。

7.1.6 总结及拓展——机床电气系统的构成

机床电气系统由电力拖动系统和电气控制系统组成。

1. 电力拖动系统以电动机为动力驱动控制对象(工作机构)作机械运动

(1) 直流拖动和交流拖动。

直流拖动具有良好的启动、控制性能和调速性能，可方便地在很宽的范围内平滑调速，但尺寸大、价格高,特别是炭刷、换向器需要经常维修,运行可靠性差。

交流电动机具有单机容量大、转速高、体积小、价格便宜、工作可靠和维修方便等优点,但调速困难。

(2)单电机拖动和多电机拖动。

单电机拖动,每台机床上安装一台电动机,再通过机械传动机构装置将机械能传递到机床的各运动部件。

多电机拖动,一台机床上安装多台电机,分别拖动各运动部件。

2. 电气控制系统

电气控制系统对各拖动电机进行控制,使它们按规定的状态、程序运动,并使机床各运动部件的运动得到合乎要求的静、动态特性。

(1)继电器—接触器控制系统。

该系统由按钮开关、行程开关、继电器、接触器等电气元件组成,控制方法简单直接,价格低。

(2)计算机控制系统。

该系统由数字计算机控制,具有高柔性、高精度、高效率、高成本的特点。

(3)可编程控制器控制系统。

该系统克服了继电器—接触器控制系统的缺点,又具有计算机控制系统的优点,编程方便,可靠性高,价格便宜。

7.1.7 随堂练习

绘制 C620-1 型车床电气控制电路图,如图 7-16 所示。

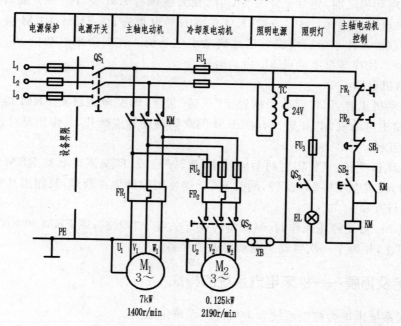

图 7-16　C620-1 型车床电气控制电路图

7.2 铣床电气控制电路图

7.2.1 案例介绍及知识要点

绘制 X62W 型铣床电气控制电路图,如图 7-17 所示。

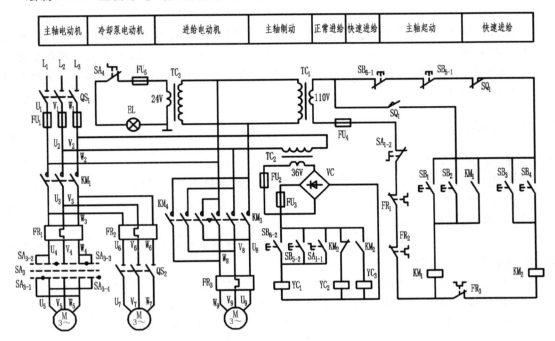

图 7-17 X62W 型铣床电气控制电路图

【知识点】
(1) 铣床电气控制电路的工作原理。
(2) 铣床电气控制电路的绘制方法。
(3) "特性"命令。

7.2.2 绘图分析

铣床可以用来加工平面、斜面和沟槽,装上分度头,还可以铣削直齿轮和螺旋面等。铣床的运动方式分为主运动、进给运动和辅助运动。其控制系统比较复杂,主要特点有: 中小型铣床一般采用三相交流异步电动机拖动;由于工艺形式有顺铣和逆铣,故要求主轴电动机能够正反转;铣床主轴装有飞轮,停车时惯性较大,通常采用制动停车方式;为避免铣刀碰伤工件,要求启动时先使主轴电动机运转,然后才可以运转进给电动机。停车时,最好先停止进给电动机,后停止主轴电动机。

X62W 型万能铣床在铣床中具有代表性,其主动回路包括 3 台三相交流异步电动机,分别为主轴电动机 M_1、进给电动机 M_2 和冷却泵电动机 M_3。其中 M_1 和 M_2 能够正反向启动,M_1 的正反向由手动换向开关实现,M_2 的正反向由交流接触器的辅助触点控制线路的接通与断开来实现。只有在主轴电动机 M_1 接通时,才有必要打开冷却泵电动机 M_3,M_3 的接通由手动开关控制。控制回路的作用是使铣床的各个电动机按规定运动的需要运转,控制各个电动机的起停、正反转、制动、启动程序等。其控制回路主要有电磁离合器控制线路、主轴电动机启动控制线路和快速进给控制线路,为整个机床提供总电源是否接通和照明功能。虽然其设计相对简单,但却是每个机床电气设计不可缺少的一部分。照明指示回路需要一个 24V 变压器,变压器次级为照明灯供电。为了保护照明灯,回路中串接了熔断器,用手动开关控制灯的亮灭。

　　绘制这样的电气图分为以下几个阶段:按照图纸的主要组成部分,首先绘制主回路,然后是控制回路和照明指示回路,最后添加文字注释。在绘制各个回路时,先分别绘制各个元器件,然后将各个元器件按照顺序依次用导线连接,最后把这 3 个主要组成部分按照合适的尺寸平移到对应的位置。

7.2.3　操作步骤

　　步骤一:新建文件

　　利用建立的 A3 样板文件新建图形,保存为"X62W 型铣床电气控制电路图"。

　　步骤二:图纸布局,绘制主回路

　　(1) 选择"线路层"图层。

　　(2) 执行带基点复制命令,将 6.3 节"电动机串接电阻降压启动电路图"文件中的供电线路粘贴到本文件中,如图 7-18 所示。

　　(3) 执行删除命令,将电阻器符号和部分热继电器中的热元件符号删除。

　　(4) 执行镜像命令,绘制热继电器中的热元件符号。

　　(5) 执行直线和拉伸命令,结合使用夹点编辑的方法,修改相关线路,如图 7-19 所示。

　　(6) 执行直线和偏移命令,在电动机上方绘制 3 条直线。

　　(7) 执行修剪命令,删除中间线段,如图 7-20 所示。

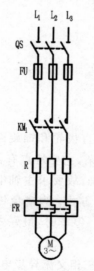

图 7-18　复制对象

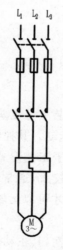

图 7-19　修改对象

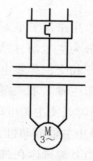

图 7-20　修剪对象

（8）单击"标准"工具栏上的"特性"按钮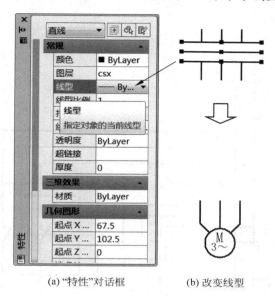，弹出"特性"对话框，如图 7-21(a)所示。

（9）选择 3 条水平线，如图 7-21(b)所示。在对话框中的"线型"文本框下拉列表中，选择 Dashed 线型，按 Enter 键。关闭对话框，按 Esc 键结束。3 条水平线变为虚线。

(a)"特性"对话框　　　　(b) 改变线型

图 7-21　修改线型

（10）执行直线和圆环命令，完成剩余主轴电动机线路的绘制。

（11）执行复制命令，选择电动机和热继电器及相关线路，分别绘制进给电动机和冷却泵电动机驱动线路，如图 7-22 所示。

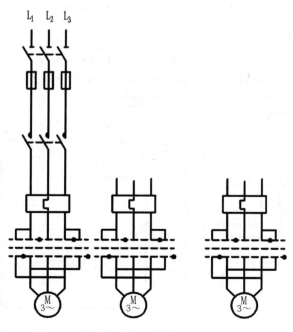

图 7-22　复制电动机和热继电器及相关电路

（12）执行删除、复制和直线命令，结合使用夹点编辑的方法，修改进给电动机 M_2 驱动线路。

（13）执行删除、插入块和直线命令，结合使用夹点编辑的方法，修改冷却泵电动机 M_3 驱动线路，如图 7-23 所示。

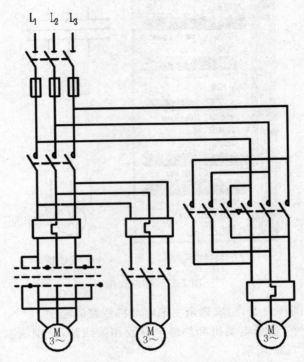

图 7-23   绘制进给电动机和冷却泵电动机驱动线路

步骤三：绘制控制回路

（1）执行插入块命令和直线命令，绘制变压器供电线路，如图 7-24 所示。

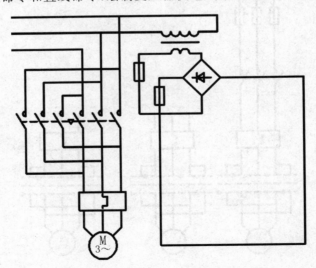

图 7-24   绘制变压器供电线路

（2）执行插入块命令和直线命令，结合使用夹点编辑的方法，绘制电磁离合器控制线路，如图 7-25 所示。

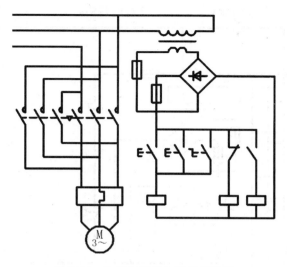

图 7-25　绘制电磁离合器控制线路

（3）执行复制和旋转命令，选择合适位置绘制控制系统供电变压器。

（4）执行直线命令，绘制相关线路，如图 7-26 所示。

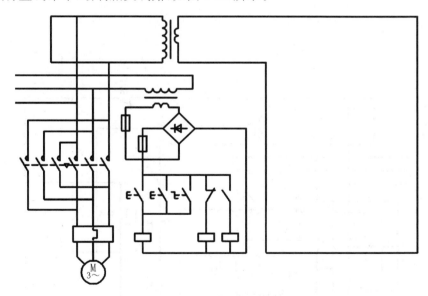

图 7-26　绘制控制系统供电变压器

（5）执行打断命令和插入块命令，在控制回路中绘制安全保障装置，如图 7-27 所示。

（6）执行插入块命令，结合夹点编辑的方法，绘制主轴电动机启动控制线路中的电气元件。

（7）执行直线命令，绘制相关线路，如图 7-28 所示。

（8）执行复制命令，绘制快速进给控制线路中的电气元件。

（9）执行直线命令，结合夹点编辑的方法，绘制相关线路，如图 7-29 所示。

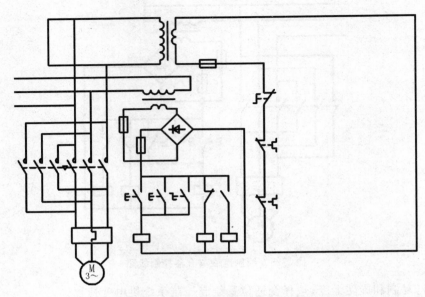

图 7-27　绘制控制线路中的安全装置

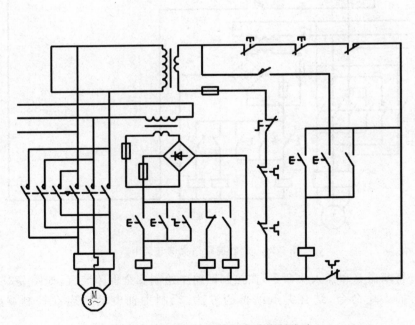

图 7-28　绘制主轴电动机启动控制线路

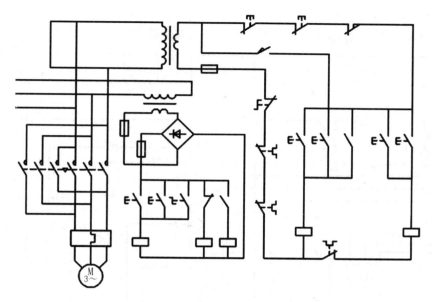

图 7-29 绘制快速进给控制线路

步骤四：绘制照明指示回路

（1）执行镜像命令，镜像变压器 TC_1，绘制变压器 TC_3。

（2）执行复制命令和插入块命令，绘制照明指示回路中的其他电气元件。

（3）执行直线命令，绘制相关线路，如图 7-30 所示。

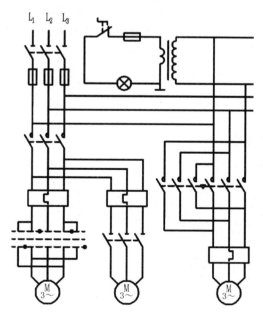

图 7-30 绘制照明指示回路

（4）执行圆环命令，绘制接线点符号。

步骤五：添加文字注释

（1）执行矩形命令，在各个功能模块的正上方绘制矩形区域。

（2）选择"文字说明"图层。

（3）执行多行文字命令，在相应矩形区域内填写文字说明，如图 7-31 所示。

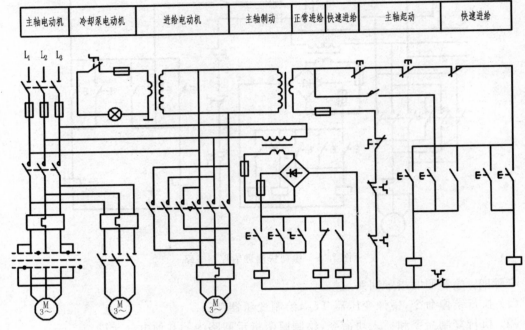

| 主轴电动机 | 冷却泵电动机 | 进给电动机 | 主轴制动 | 正常进给 | 快速进给 | 主轴起动 | 快速进给 |

图 7-31　绘制功能标识

（4）执行复制命令，在其他所有需要写文字的位置复制 L_1。

（5）选择"修改"|"对象"|"文字"|"编辑"命令，逐个选择对象，输入正确文字注释即可。

步骤六：保存文件

选择"文件"|"保存"命令，保存文件。

7.2.4　步骤点评

1．对于步骤三：特性命令

"特性"对话框用于列出选定对象或对象集特性的当前设置，可以通过指定新值进行特性的修改。

选择的对象不同，"特性"对话框中显示的内容是不同的。

在"特性"对话框中可以修改选定对象的特性，如点的坐标、圆的面积或周长以及图层、线型、线型比例、文字等。

例如，绘制周长为 200mm 和面积为 500mm^2 的圆。

具体操作步骤如下：

① 执行圆命令，在合适的位置绘制任意大小的两个圆。

② 选择一个圆，单击特性按钮 ▣ 。

③ 在弹出的"特性"对话框中，分别修改圆的面积或周长数据，如图 7-32 所示。

2．对于步骤五：关于各个功能模块的绘制

功能模块区域边框的绘制，既可以使用表格命令，也可以使用矩形命令。

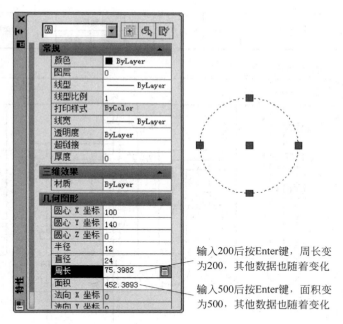

输入200后按Enter键，周长变
为200，其他数据也随着变化

输入500后按Enter键，面积变
为500，其他数据也随着变化

图 7-32 修改圆的数据

7.2.5 总结及拓展——电路原理说明

1. 主轴电动机 M_1 的控制

（1）主轴电动机的启动。

X62W 型铣床采用两地控制方式，启动按钮 SB_1 和停止按钮 SB_{5-1} 为一组；启动按钮 SB2 和停止按钮 SB_{6-1} 为一组，分别安装在工作台和机床床身上，以便于操作。启动前，选择好主轴转速，并将 SA_3 扳到需要的转向上，然后按 SB_1 或 SB_2。交流接触器 KM_1 得电，其常开主触点闭合，主轴电动机 M_1 启动，KM_1 常开辅助触点闭合起到自锁作用。

（2）主轴电动机的制动。

当按下停止按钮 SB_5 或 SB_6 时，交流接触器 KM_1 断电释放，主轴电动机 M_1 断电减速，同时按下常开触点 SB_{5-2} 或 SB_{6-2} 接通电磁离合器 YC_1，离合器吸合，摩擦片抱紧，对主轴电动机进行制动。

2. 冷却泵电动机 M_3 的控制

由主动回路可以看出，只有主轴电动机启动后，冷却泵电动机 M_3 才有可能启动。按下开关 QS_2 后，冷却泵电动机才启动。

3. 照明指示回路

变压器 TC_3 将 380V 交流电变为 24V 安全电压后供给照明线路，转换开关 SA_4 控制照明指示灯的亮灭。

7.2.6 随堂练习

绘制 X61 铣床电气控制电路图，如图 7-33 所示。

电源	主轴	保护	进给	冷却	保护	主轴控制		进给控制	照明
						运行	点动		

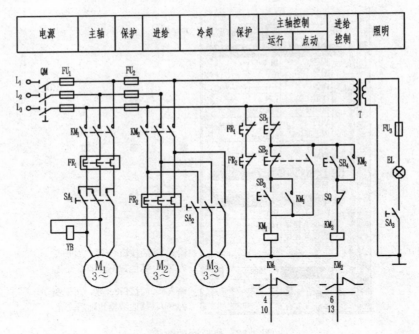

图 7-33   X61 铣床电气控制电路图

7.3 上机练习

（1）绘制 Y3150 型齿轮机床电气控制电路图，如图 7-34 所示。

电源保护	电源开关	主电机		冷却泵电动机	控制电源变压器	电源指示	照明灯	主轴电动机控制		冷却泵电动机控制
		正转	反转					逆铣	顺铣	

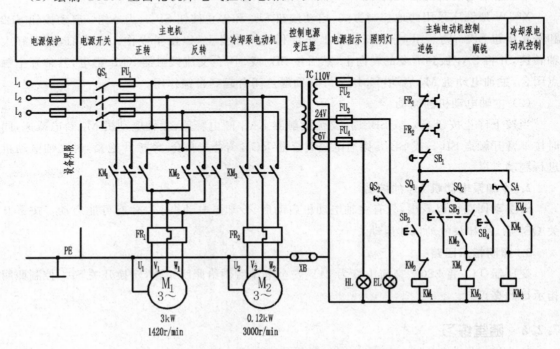

图 7-34   Y3150 型齿轮机床电气控制电路图

（2）绘制 Z3040 摇臂钻床电气控制电路图，如图 7-35 所示。

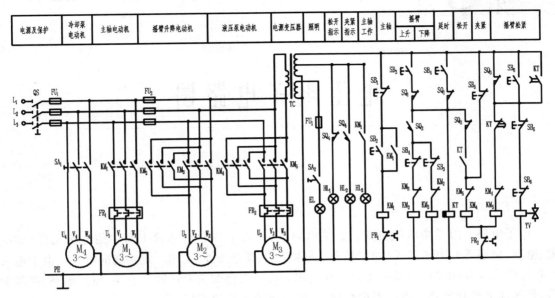

图 7-35　Z3040 摇臂钻床电气控制电路图

第 **8** 章

电工电子电路图

电子电路一般是指电压较低的直流电源(36V 以下)供电,通过电路中的电子元件(如电阻、电容、电感等)、电子器件(如二极管、晶体管、集成电路等)实现一定功能的电路。电子电路在各种电气设备和家用电器中得到广泛应用。电子电路图主要在数字电路、模拟电路、控制电路、智能强电控制电路等电路图中绘制,是电气制图的重要组成部分。

8.1 绘制定时放音和睡眠控制电路图

8.1.1 案例介绍及知识要点

绘制某型号录音机中的定时放音和睡眠控制电路图,如图 8-1 所示。

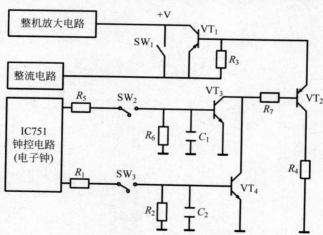

图 8-1 定时放音和睡眠控制电路图

【知识点】
(1) 电子线路的基本概念。
(2) 定时放音和睡眠控制电路的设计思路。
(3) AutoCAD 设计中心和工具选项板。

8.1.2 绘图分析

定时放音和睡眠控制电路由基本元件、方框、文字标注和连接线 4 部分组成。元件包括电源开关、双掷开关、三极管、电阻和电容。文字部分是根据电子元器件的特征进行命名和编号的。在电路图中，IC751 是机内电子钟及钟控集成电路，两脚分别是定时控制输出端和睡眠控制输出端，VT1～VT4 为 4 只电子开关管。SW1 是整机直流电源开关，SW2 是定时控制开关，SW3 是睡眠控制开关。电阻、电容是辅助控制开关元件。

绘制这样的电路图的具体步骤是：在绘制了基本电气元件的基础上，通过 AutoCAD 设计中心、工具选项板或插入图块的方式将各元件进行编辑组合，然后绘制连接线，最后标注文字，完成电路图的绘制。

8.1.3 操作步骤

步骤一：创建基本电气元件图形

（1）打开建立的 A3 样板文件，选择"元件层"图层。

（2）执行圆、直线和修剪命令，绘制双掷开关，如图 8-2 所示。

（3）执行保存命令，保存名为 SW.dwg 的图形文件到"电气元件"文件夹中。

（4）同样方法，利用绘图和编辑命令绘制如图 8-3 所示的其他电气元件图形符号，并按代号分别保存到"电气元件"文件夹中。

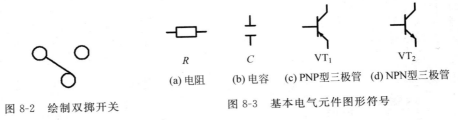

图 8-2 绘制双掷开关   图 8-3 基本电气元件图形符号

(a) 电阻   (b) 电容   (c) PNP型三极管   (d) NPN型三极管

提示：这里绘制的基本电气元件只作为 DWG 图形文件保存，不必保存成图块。

步骤二：新建文件

利用建立的 A3 样板文件新建图形，保存为"定时放音和睡眠控制电路图"。

步骤三：创建工具选项板

（1）单击"标准"工具栏上的"设计中心"按钮 和"工具选项板"按钮 ，打开设计中心和工具选项板对话框，如图 8-4 所示。

（2）选择设计中心"文件夹"选项卡中的"电气元件"文件夹，右击，在弹出的快捷菜单中选择"创建块的工具选项板"命令，如图 8-5 所示。

（3）系统自动创建一个名为"电气元件"的工具选项板，如图 8-6 所示，并将每一个图形自动转换成图块。

步骤四：图纸布局，绘制主电路图

（1）选择"元件层"图层。按住鼠标左键，将"电气元件"工具选项板中的电阻图块拖曳到绘图区域。

（2）同样方法，依次拖曳双掷开关 SW、电容 C 和 NPN 三极管 VT2 图块到绘图区域。

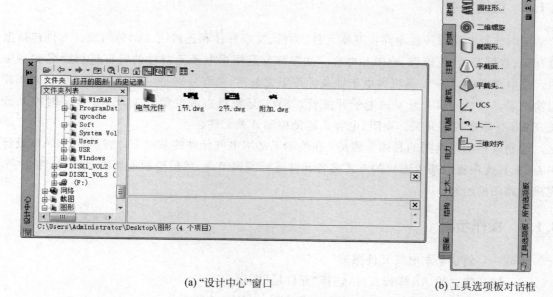

(a)"设计中心"窗口　　　　　　　　　　　(b)工具选项板对话框

图 8-4　设计中心和工具选项板对话框

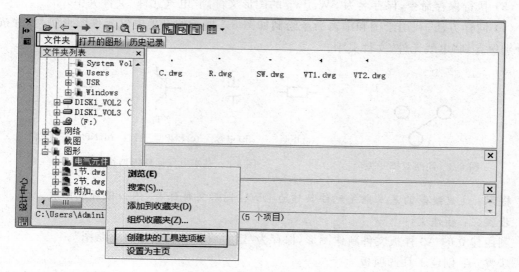

图 8-5　设计中心操作

（3）执行旋转和移动命令，选择合适位置放置插入的电气元件图块，如图 8-7 所示。

提示：由于工具选项板中插入的图块不能旋转，对需要旋转的图块，可单独利用编辑命令进行操作，也可以采用直接从设计中心拖曳图块的方法来实现。

（4）执行复制命令，复制插入的图块。

（5）选择"线路层"图层，执行直线命令，绘制连接线，如图 8-8 所示。

（6）选择"元件层"图层。按住鼠标左键，将"电气元件"工具选项板中的 VT1（PNP 三极管）图块拖曳到绘图区域。

（7）执行删除和镜像命令，绘制另两个电子开关管图形符号。

电气元件

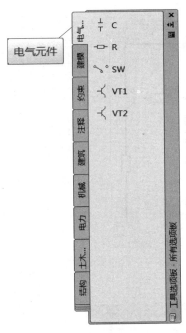

图 8-6 "电气元件"工具选项板

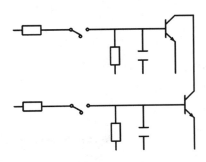

图 8-7 放置好的图块

图 8-8 复制对象

（8）执行移动和复制命令，绘制剩余电子元件，如图 8-9 所示。

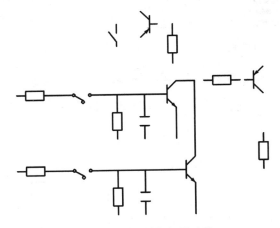

图 8-9 绘制剩余电子元件

（9）选择"线路层"图层。

（10）执行直线命令，绘制连接线，完成主电路图的绘制，如图 8-10 所示。

步骤五：绘制地线

（1）选择"格式"|"线宽"命令，出现"线宽设置"对话框，如图 8-11 所示。在"线宽"列表框中，选择 1.00mm 的线宽，单击"确定"按钮。

（2）执行直线命令，绘制地线，如图 8-12 所示。

步骤六：执行矩形命令，绘制边框，如图 8-13 所示

步骤七：添加文字注释

（1）选择"文字说明"图层。

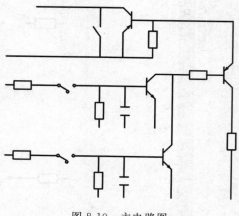

图 8-10　主电路图

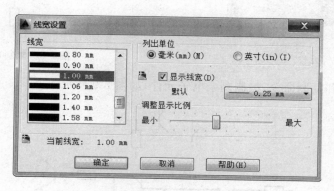

图 8-11　"线宽设置"对话框

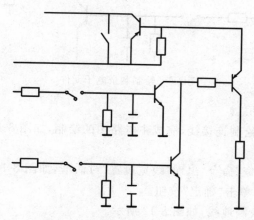

图 8-12　绘制地线后的主电路图

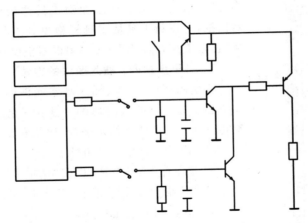

图 8-13　没有文字标注的效果图

（2）执行多行文字命令，添加文字标注，如图 8-14 所示。

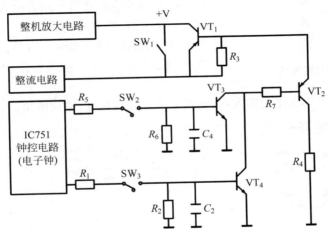

图 8-14　添加文字标注的电路图

步骤八：保存文件

选择"文件"|"保存"命令，保存文件。

8.1.4　步骤点评

1. 对于步骤三：工具选项板

（1）启动方式。

- 菜单命令："工具（T）"|"选项板"|"工具选项板（T）"。
- "标准"工具栏：单击"工具选项板"按钮 ▣。
- 命令行输入：toolpalettes。

（2）执行步骤。

执行命令，系统自动打开"工具选项板"对话框，如图 8-15 所示。

（3）选项说明。

在"工具选项板"对话框中，系统提供了一些常用的工具选项卡，以方便用户绘图。在绘图

图 8-15 "工具选项板"窗口

中,还可以将常用命令添加到工具选项板中。打开"自定义"对话框,可以将工具从工具栏拖曳到工具选项板上,或将工具从"自定义用户界面"(CUI)编辑器拖曳到工具选项板上。

2. 对于步骤四:插入图块的方法

除使用写块的方法插入基本元件的图块外,AutoCAD 设计中心还提供了插入图块的方法:一是利用鼠标指定比例和旋转方式;二是精确指定坐标、比例和旋转角度方式。

(1) 启动设计中心的方式。

- 菜单命令:"工具(T)"|"选项板"|"设计中心(D)"。
- "标准"工具栏:单击"设计中心"按钮 。
- 命令行输入:adcenter。

(2) 执行设计中心的步骤。

① 执行命令,系统打开"设计中心"窗口,如图 8-16 所示。
② 从文件夹列表或查找结果列表中选择要插入的图块。
③ 按住鼠标左键,将其拖曳到打开的图形中。
④ 右击,弹出快捷菜单,如图 8-17 所示。
⑤ 选择"基点"命令,在要插入的图块中选择一点作为插入点。
⑥ 在绘制图形中依次指定插入点、比例因子和旋转角度,完成图块插入。

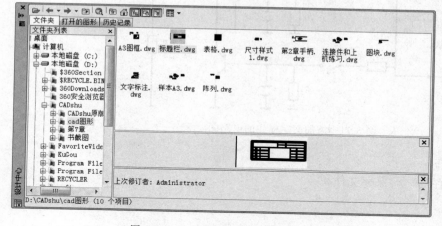

图 8-16 AutoCAD"设计中心"窗口

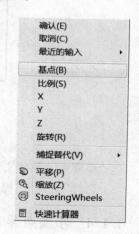

图 8-17 快捷菜单

8.1.5 总结及拓展——AutoCAD 设计中心

使用 AutoCAD 设计中心可以很容易地组织设计内容,并把它们拖曳到自己的图形中。可以使用 AutoCAD 设计中心窗口的内容显示框,来观察用 AutoCAD 设计中心的资源管理器所浏览资源的内容,如图 8-18 所示。左边方框为 AutoCAD 设计中心的资源管理器,右边方框为 AutoCAD 设计中心窗口的内容显示框。其中,上面窗口为文件显示框;中间窗口为图形预览显示框;下面窗口为说明文本显示框。

利用鼠标拖曳边框的方法可以改变 AutoCAD 设计中心资源管理器和内容显示区及

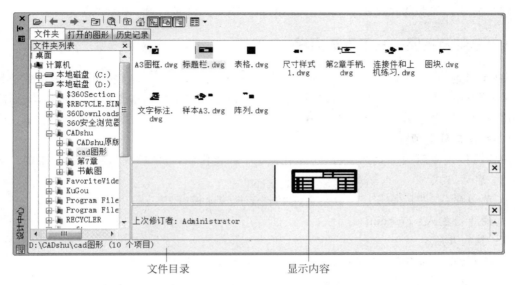

文件目录　　　　　　　　　　　　显示内容

图 8-18　AutoCAD 设计中心的资源管理器和内容显示区

AutoCAD 绘图区的大小,但内容显示区的最小尺寸应能显示两列大图标。

　　如果要改变 AutoCAD 设计中心的位置,可以按住鼠标左键拖曳它,松开左键后,AutoCAD 设计中心便处于当前位置。到新位置后,仍可用鼠标改变各窗口的大小。也可以通过设计中心边框左上方的"自动隐藏"按钮 ◄► 来自动隐藏设计中心。

1. 插入图形

　　利用 AutoCAD 设计中心,可以将图块插入到图形当中。将一个图块插入到图形时,块定义就被复制到图形数据库中。在一个图块被插入图形之后,如果原来的图块被修改,则插入到图形中的图块也随之改变。

2. 图形复制

　　(1) 在图形之间复制图块。

　　利用 AutoCAD 设计中心可以浏览和装载需要复制的图块,然后将图块复制到剪贴板中,再利用剪贴板将图块粘贴到图形当中,具体方法如下:

　　① 在"设计中心"选项板选择需要复制的图块,右击,在弹出的快捷菜单中选择"复制"命令。

　　② 将图块复制到剪贴板上,然后通过"粘贴"命令粘贴到当前图形上。

　　(2) 在图形之间复制图层。

　　利用 AutoCAD 设计中心可以将任何一个图形的图层复制到其他图形。如果已经绘制一个包括设计所需所有图层的图形,在绘制新图形时,可以新建一个图形,并通过 AutoCAD 设计中心将已有的图层复制到新的图形中,这样可以节省时间,并保证图形的一致性。

　　现对图形之间复制图层的两种方法如下:

　　① 拖曳图层到已打开的图形。确认要复制图层的目标图形文件被打开,并且是当前的图形文件。在"设计中心"选项板中选择要复制的一个或多个图层,按住鼠标左键拖曳图层到打开的图形文件,松开鼠标后选择的图层即被复制到打开的图形中。

　　② 复制或粘贴图层到打开的图形。确认要复制图层的图形文件被打开,并且是当前的图形文件。在"设计中心"选项板中选择要复制的一个或多个图层,右击,在弹出的快捷菜单中选

择"复制"命令。如果要粘贴图层,确认粘贴的目标图形文件被打开,并为当前文件。

8.1.6　总结及拓展——工具选项板

在"工具选项板"对话框中,可以将常用的图块、几何图形、外部参照、填充图案及命令等以选项卡的形式组织到其中,以后可直接调用,方便、快捷地应用到当前图形中。此外,工具选项板还可以包含由第三方开发人员提供的自定义工具。

1. 新建工具选项板

用户可以建立新的工具选项板,这样有利于个性化作图,也能够满足特殊作图需要。

（1）启动方式。

- 菜单命令:"工具(T)"|"自定义(C)"|"工具选项板(P)"。
- 命令行输入:customize。

（2）执行步骤。

① 执行命令,系统打开"自定义"对话框,如图 8-19 所示。

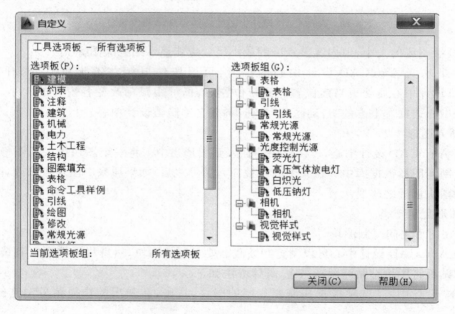

图 8-19　"自定义"对话框

② 在"选项板"列表框中右击,弹出快捷菜单,如图 8-20 所示。

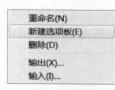

图 8-20　快捷菜单

③ 选择"新建选项板"命令,打开"自定义"对话框。在"选项板"列表框中为新建的工具选项板命名,如图 8-21(a)所示。

④ 单击"关闭"按钮,工具选项板中就增加了一个新的选项卡,如图 8-21(b)所示。

2. 向工具选项板添加内容

向工具选项板添加内容有两种方式:一是将图形、图块和填充图案从设计中心拖曳到工具选项板中,这样就可以将设计中心与工具选项板结合,建立一个快捷、方便的工具选项板,如步骤三;二是使用"剪切"、"复制"和"粘贴"命令,将一个工具选项板中的工具移动或复制到另一个工具选项板中。

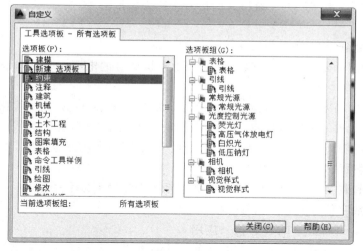

(a) "自定义"对话框

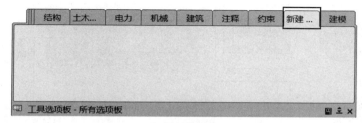

(b) 添加选项卡

图 8-21　新增工具选项卡

提示：将工具选项板中的图形拖曳到另一个图形中时，图形将作为块插入。

8.1.7　总结及拓展——电子线路简介

随着电子技术的高速发展，电子技术和电子产品已经深入到生产、生活和社会活动的各个领域，所以正确、熟练地认识和绘制电子电路图，是对电气工程技术人员的基本要求。

1. 基本概念

电子技术是研究电子器件、电子电路及其应用的科学技术。

以信息科学技术为中心的电子技术的应用，包括计算机技术、生物基因工程、光电子技术、军事电子技术、生物电子学、新型材料、新型能源、海洋开发工程技术等高新技术群的兴起，已经引起人类从生产到生活各个方面的巨大变革。

电子线路是由电子器件（又称有源器件，如电子管、半导体二极管、晶体管、集成电路等）和电子元件（又称无源器件，如电阻器、电容器、电感器、变压器等）组成的具有一定功能的电路。

电子器件是电子线路的核心，其发展促进了电子技术的发展。

2. 电子线路的分类

（1）信号。

电子信号可分为以下两类。

① 数字信号：指那些在时间和数值上都是离散的信号。

② 模拟信号：除数字外的所有形式的信号统称为模拟信号。

（2）电路。

根据不同的划分标准，电路可以分为不同的类别。

① 根据工作信号分为模拟电路（工作信号为模拟信号的电路）、数字电路（工作信号为数字信号的电路）

② 根据信号的频率范围又将模拟电路分为低频电子线路和高频电子线路。

③ 根据核心元件的伏安特性将整个电子线路分为线性电子线路和非线性电子线路。

模拟电路的应用十分广泛，从收音机、扩音机、音响到精密的测量仪器、复杂的自动控制系统、数字数据采集系统等。

尽管现在已是数字时代，但绝大多数的数字系统仍需做到以下过程：

模拟信号→数字信号→数字信号→模拟信号

数据采集→A/D 转换→D/A 转换→应用

图 8-22 所示为一个由模拟电路和数字电路共同组成的电子系统的实例。

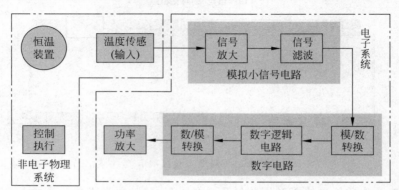

图 8-22　电子系统组成框图

8.1.8　随堂练习

绘制简易录音机电路图，如图 8-23 所示。

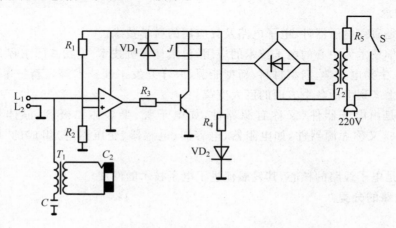

图 8-23　简易录音机电路图

8.2 绘制日光灯调光器电路图

8.2.1 案例介绍及知识要点

绘制日光灯调光器电路图,如图 8-24 所示。

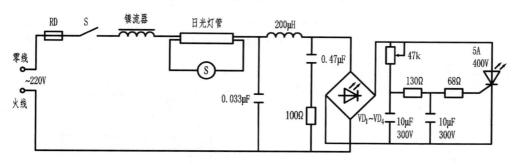

图 8-24 日光灯调光器电路图

【知识点】
(1)日光灯调光器电路的设计思路。
(2)多线命令。

8.2.2 绘图分析

之所以设计日光灯的调光器电路,是因为:当客人临门、欢度节日或幸逢喜事时,人们希望灯光通亮;而当人们在休息、观看电视、照料婴儿时,就需要灯光能调暗一些。为了满足这些要求,可以用调节器调节灯光的亮度。

绘制这样的电路图的具体步骤是:首先,绘制线路结构图;然后,在绘制主要元件的基础上,通过插入块的方式将各个元件放置到结构线路图中;最后,编辑整理图形,标注文字,完成电路图的绘制。

8.2.3 操作步骤

步骤一:新建文件
利用建立的 A3 样板文件新建图形,保存为"日光灯调光器电路图"。
步骤二:图纸布局,绘制线路结构图
(1)选择"线路层"图层。
(2)执行圆和直线命令,绘制零线和火线。
(3)执行直线和偏移命令,绘制水平、垂直线段,如图 8-25 所示。

图 8-25 绘制直线

（4）执行多边形命令，选择最右边竖线的中点为内接圆的圆心，绘制四边形。

（5）执行修剪命令，删除四边形内直线，如图 8-26 所示。

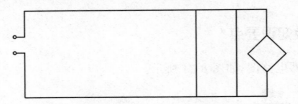

图 8-26　绘制四边形

（6）执行多段线和直线命令，绘制剩余线段，如图 8-27 所示。

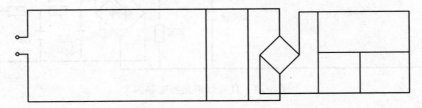

图 8-27　绘制完成结构线路图

步骤三：绘制电子元件图形符号

（1）选择"元件层"图层。执行插入块命令，选择合适位置绘制熔断器、开关和镇流器图形符号。

（2）执行修剪和打断命令，删除多余直线，如图 8-28 所示。

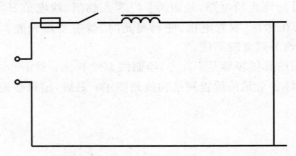

图 8-28　绘制熔断器、开关和镇流器图形符号

（3）执行矩形命令，绘制长为 30、宽为 6 的日光灯管。

（4）执行打断命令，删除矩形内直线，如图 8-29 所示。

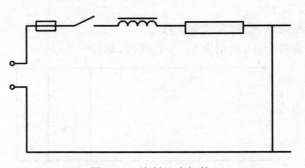

图 8-29　绘制日光灯管

（5）执行直线和圆命令，绘制日光灯管和启辉器的组合图形。

（6）执行多行文字命令，书写文字 S，如图 8-30 所示。

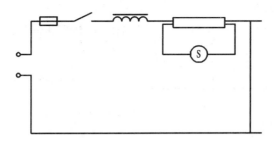

图 8-30　绘制日光灯管和启辉器组合图形

（7）执行复制和打断命令，选择合适位置绘制电感线圈。

（8）执行插入块和打断命令，选择合适位置绘制电容，如图 8-31 所示。

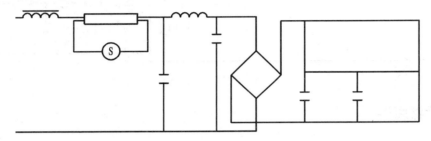

图 8-31　绘制电感线圈和电容

（9）执行插入块命令，依据实际情况设置旋转角度，选择合适位置绘制电阻和滑动变阻器图形符号。

（10）执行打断命令，删除多余直线，如图 8-32 所示。

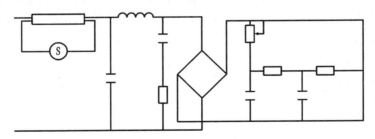

图 8-32　绘制电阻和滑动变阻器

（11）执行插入块命令，选择合适位置绘制四边形中的发光二极管。

（12）执行复制和旋转命令，绘制另一个发光二极管图形符号，如图 8-33 所示。

（13）执行夹点编辑拉伸命令，整理图形。

步骤四：添加文字注释

（1）选择"文字说明"图层。

（2）执行多行文字命令，添加文字标注，如图 8-34 所示。

步骤五：保存文件

选择"文件"|"保存"命令，保存文件。

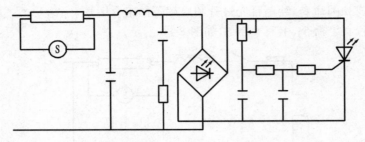

图 8-33   绘制发光二极管

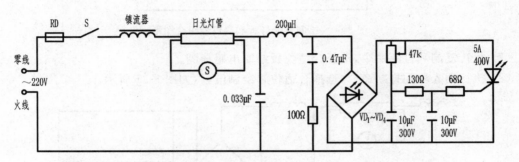

图 8-34   添加文字注释后的电路图

8.2.4   步骤点评

1. 对于步骤二：线路结构图的绘制

除使用直线命令画线路之外，还可以使用多段线命令。首先设置栅格间距，然后将状态栏上的"捕捉"按钮打开，就可以连续绘制多条直线，效率更高。

2. 对于步骤三：电容图形符号的绘制

可以使用多线命令绘制电容图形符号。多线是指多条平行的直线，是一个组合对象。平行线的间距和数目是可调的，直线的线型也可以不同，这种线的一个突出优点是能够提高绘图效率，保证图线之间的统一性。

（1）启动多线命令的方式。

• 菜单命令："绘图（D）"|"多线（U）"。

• 命令行输入：mline。

（2）执行多线命令的步骤。

① 执行命令。

② 单击，确定多线的起点。

③ 移动鼠标至合适位置，单击，确定多线的第 2 点。

④ 右击确认。

（3）选项说明。

① 对正（J）。

该项用于给定绘制多线的基准。共有"上"、"无"和"下"3 种对正类型。其中，"上"表示以多线上侧的线为基准，以此类推。

② 比例（S）。

选择该项，要求用户设置平行线的间距。输入值为 0 时，平行线重合；值为负时，多线的排列倒置。

③ 样式(ST)。

该项用于设置当前使用的多线样式。

8.2.5　总结及拓展——多线

通常在绘制多线前,要先创建多线样式。

1. 多线样式的创建

多线的样式设置包括将某样式设置为当前样式、新建样式、修改样式、删除样式等。通常,AutoCAD 的默认样式为 STANDARD 样式,该样式默认多线的线条个数为 2,两条线的偏移量分别为 0.5 和 −0.5。

(1) 启动方式。

- 菜单命令:"格式(O)"|"多线样式(M)"。
- 命令行输入:mlstyle。

(2) 创建多线样式的步骤。

① 执行命令,打开"多线样式"对话框,如图 8-35 所示。

图 8-35　"多线样式"对话框

② 单击"新建"按钮,出现"创建新的多线样式"对话框,如图 8-36 所示。

③ 输入新的样式名后,单击"继续"按钮,出现"新建多线样式:DIANZI"对话框,如图 8-37 所示。

④ 两次单击该对话框中的"添加"按钮,添加两条线。

⑤ 分别选中刚刚添加的两条线,在"偏移"文本框内输入偏移量,如 1 和 1.5。

图 8-36　"创建新的多线样式"对话框

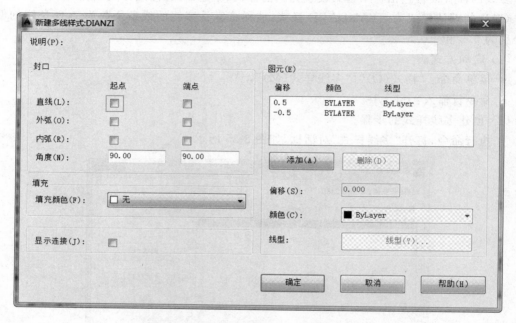

图 8-37　"新建多线样式：DIANZI"对话框

⑥ 单击"确定"按钮，回到"多线样式"对话框。

⑦ 选择新创建的多线样式，单击"置为当前"按钮，即将此样式设为了当前样式，此时就可以绘制由 4 条线组成的多线了。

关于"新建多线样式"对话框中"封口"选项组的说明，如图 8-38 所示。

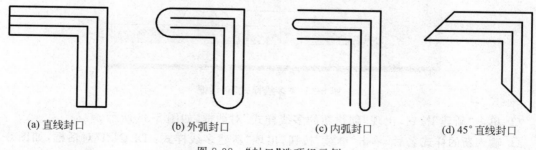

(a) 直线封口　　　(b) 外弧封口　　　(c) 内弧封口　　　(d) 45°直线封口

图 8-38　"封口"选项组示例

2. 编辑多线

当两条或多条多线相交时，需要对交点处进行修改，才能得到准确的显示效果。要修改多线交点,就需要用到修改"多线"命令。

(1) 启动方式。

* 菜单命令:"修改(M)"|"对象(O)"|"多线(M)"。
* 命令行输入:mledit。

(2) 执行步骤。

① 绘制如图 8-39 所示的两条相交多线。

② 执行命令,打开"多线编辑工具"对话框,如图 8-40 所示。

③ 选择"十字闭合"选项,对话框自动消失,单击选择竖线。

④ 单击选择横线,则相交的多线修改成如图 8-41(a)所示的
样式。

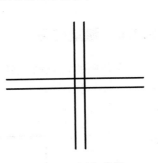

图 8-39　相交多线

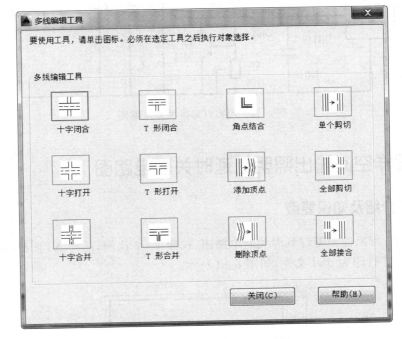

图 8-40　"多线编辑工具"对话框

同样方法设置相交多线的"十字打开"样式,如图 8-41(b)所示。其他样式,用户可以自行
练习。

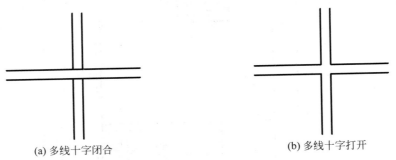

(a) 多线十字闭合　　　　　　　　　　　(b) 多线十字打开

图 8-41　"多线编辑工具"样式示例

8.2.6 随堂练习

绘制照明灯延时关断电路图,如图 8-42 所示。

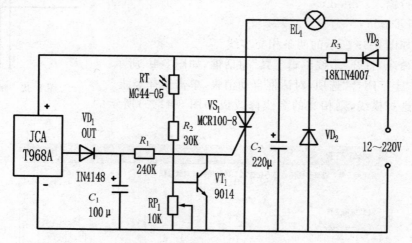

图 8-42 照明灯延时关断电路图

8.3 在图样空间输出照明灯延时关断电路图

8.3.1 案例介绍及知识要点

将如图 8-42 所示的照明灯延时关断电路图,按照 1∶2 比例,选择 A4 图纸,绘制符合国家标准的电气图,并打印为 dwf 文件,如图 8-43 所示。

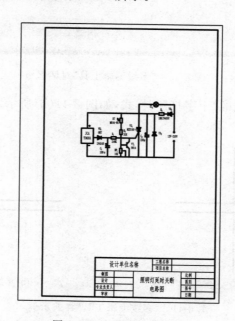

图 8-43 电路图输出结果

【知识点】

（1）布局的创建和使用。

（2）页面设置管理器的使用。

（3）打印方式的使用。

（4）查询的方法。

8.3.2　绘图分析

首先在建立的样板文件模型空间中绘制电路图，然后在布局空间中设置页面管理器参数，通过设置比例，合理安排电路图在 A4 图纸上的位置，最后打印图并观察打印结果。

8.3.3　操作步骤

步骤一：新建文件

利用建立的 A3 样板文件新建图形，保存为"照明灯延时关断电路图"。

步骤二：绘制图形

在模型空间中，按照 1∶1 比例绘制完成图形。

步骤三：转换到布局空间

单击绘图窗口左下角的"布局 1"标签 ⏮◀▶⏭ 模型 ╱布局1╱ 布局2 ，转换到布局 1 界面，如图 8-44 所示。

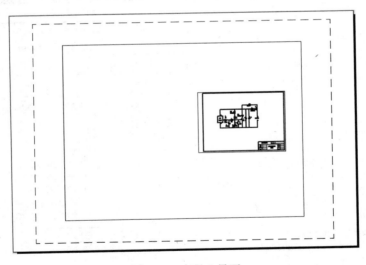

图 8-44　布局 1 界面

步骤四：设置布局页面管理器参数

（1）选择"文件"|"页面设置管理器"命令，弹出"页面设置管理器"对话框，如图 8-45 所示。

（2）单击"修改"按钮，出现"页面设置—布局 1"对话框，如图 8-46 所示。

（3）在"打印机/绘图仪"选项组的"名称"下拉列表框中选择 DWF6 ePlot.pc3 选项。

提示：一般设置为常用打印机型号。

（4）在"图纸尺寸"下拉列表框中确定图纸的大小为 ISO A4。

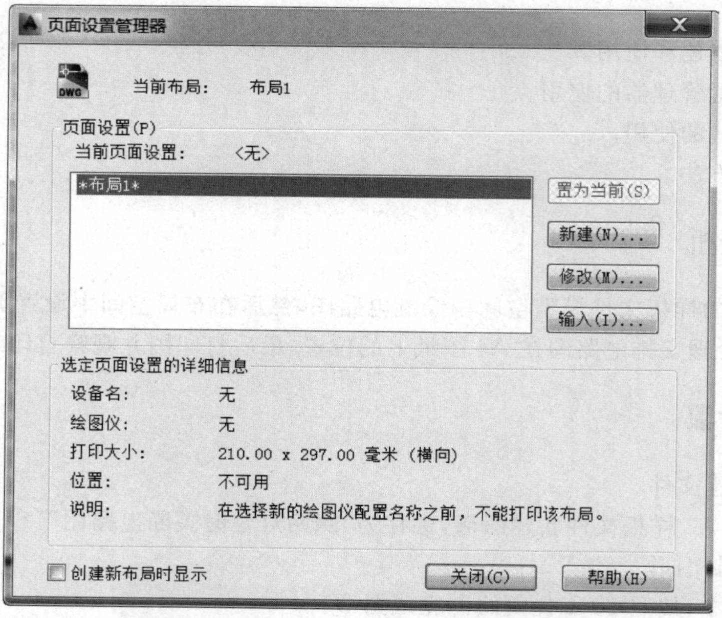

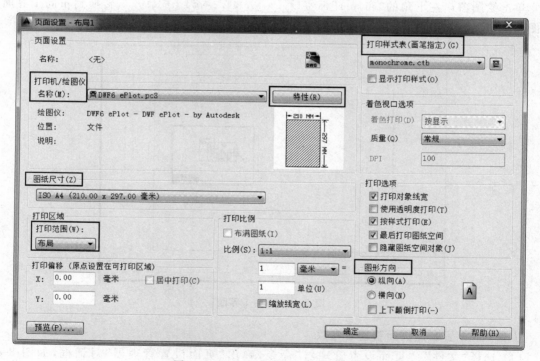

图 8-45 "页面设置管理器"对话框

图 8-46 "页面设置—布局 1"对话框

（5）在"打印样式表"下拉列表框中选择 monochrome.ctb，即单色打印。

（6）在"图形方向"下拉选项组中，单击"纵向"按钮。

（7）在"打印范围"下拉列表框中选择"布局"选项。

（8）编辑可打印区域边界。

单击打印机后面的"特性"按钮,出现"绘图仪配置编辑器"对话框,如图 8-47 所示。

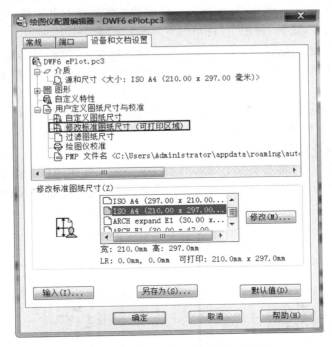

图 8-47　"绘图仪配置编辑器"对话框

① 在"设备和文档设置"选项卡中选择"修改标准图纸尺寸(可打印区域)"选项。

② 选择图纸大小为 ISOA4(210×297)。

③ 单击后面的"修改"按钮,在"自定义图纸尺寸-可打印区域"对话框设定打印区域。

④ 设置其上、下、左、右的边界均为 0,最后单击"确定"按钮。

提示:　自定义图纸尺寸可自己设置图纸大小。

(9) 单击"确定"按钮,完成布局 1 页面管理器参数的设置,如图 8-48 所示。

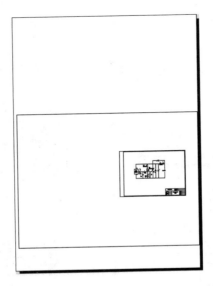

图 8-48　页面管理器参数设置后的布局 1 界面

步骤五：创建视口

（1）在图 8-48 的布局 1 界面中，选择图形外侧的细实线图框并删除，则变为空白幅面。

（2）在细实线图层，选择"视图"|"视口"|"一个视口"命令。

（3）按 Enter 键，创建的视口为默认布满可打印区域大小，图形自动进入布局中。

（4）双击视口区域（外侧视口线变粗），执行删除命令，删除图形中所画图框和标题栏，如图 8-49 所示。

提示：此时布局和模型不在一个空间，相当于两个层，不能同时编辑。

步骤六：绘制 A4 图纸边框和标题栏

（1）在视口区域外双击，选择"粗实线"图层。

（2）执行矩形命令，对角点坐标为（25,5）和（205,292），完成图框的绘制。

（3）执行插入块命令，选择合适位置放置标题栏图块，填写标题栏，如图 8-50 所示。

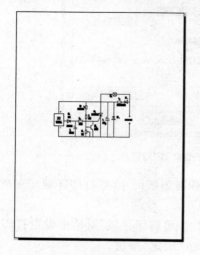

图 8-49　创建视口

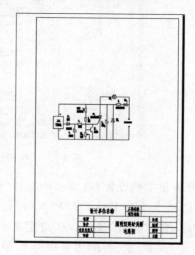

图 8-50　插入标题栏

步骤七：设置图形打印比例

（1）选择视口，在"特性"管理器中，从"标准比例"下拉列表框中选择"1:2"选项，如图 8-51 所示。

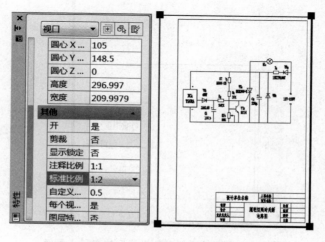

图 8-51　视口"特性"管理器

（2）放置图形位置。

① 双击视口区域，进入"浮动模型空间"。

② 单击实时平移按钮，移动图形到合适位置后退出，如图 8-52 所示。

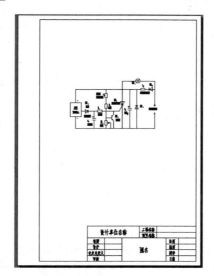

图 8-52　放置图形

（3）锁定图形。

① 双击视口外区域，进入布局，单击外侧视口线。

② 在"特性"管理器中，从"显示锁定"下拉列表框中选择"是"按钮，锁定图形，使图形不能缩放，如图 8-53 所示。

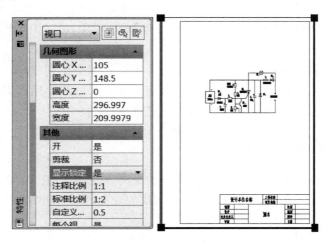

图 8-53　视口"特性"管理器

步骤八：输出电路图

单击标准工具栏上的"打印"按钮，在弹出的"打印"对话框中，单击"确定"按钮，保存为"照明灯-布局 1. dwf"文件。

提示：可以通过"打印预览"观察图样输出结果。若已设置好打印机型号，就可以直接打印出图样。

8.3.4　步骤点评

1. 对于步骤四：设置布局

可根据具体情况选择打印机的型号，改换图幅大小，更改其他设置。

2. 对于步骤七：设置图形打印比例

打印比例可以设置为标准的比例，也可以自定义，但是要设置锁定，以防在执行其他操作时改变。也可在"浮动模型空间"执行 Zoom 命令的 S 比例选项，输入比例数字加 xp 来完成。

8.3.5　总结及拓展——图形输出

1. 图形输出为图像文件

AutoCAD 可以将绘制好的图形输出为通用的图像文件。具体操作步骤为：选择"文件"|"输出"命令，从弹出的"输出数据"对话框的"保存类型"下拉列表框中，选择不同的格式来保存不同类型的图像文件。

2. 模型空间的图形输出

在模型空间中设计并绘制完图形后，依据所需出图的图纸尺寸计算绘图比例，用比例缩放。命令将所绘图形按绘图比例整体缩放。执行打印命令，单击"确定"按钮输出图形。这种方法的缺点是当缩放图形时，所标注的尺寸值以及字体的高度也会跟着相应的变化，在出图前还需对尺寸标注样式中的线性比例进行调整以及设置字体的高度，很不方便。另外，可以在屏幕左下角选择"注释性"按钮，将要放大的带注释性的标注、字体、块等都缩放为相同的比例，同时也要将边框或图纸界限设置为按相同比例进行缩放，这样也可以打印标准图纸。

3. 图纸空间的图形输出

在模型空间中设计并绘制完图形后，创建布局并在布局中进行页面设置，在"打印设备"选项卡中，选定打印设备和打印样式表；在"布局设置"选项卡中，设置图纸尺寸、打印范围、图纸方向，在"打印比例"选项组中，将比例设为 1∶1。

在图纸空间创建浮动视口，通过对象特性设置视口的标准比例（如 1∶10 或 2∶1 等），每个视口中都有独立的视口标准比例，这样读者就可以在一张图纸上用不同的比例因子生成许多视口，从而不必复制该几何图形或对其缩放便可直接打印。

8.3.6　总结及拓展——查询

为了方便地计算图形对象的面积、两点之间的距离、点的坐标值、时间、三维形体的特性等数据，可以使用查询命令，而查询面域质量特性则需要建立面域，绘制的图形为线框。

1. 创建面域

面域是由闭合的形状或环所创建的二维区域。闭合的多段线、直线和曲线都是有效的选择对象，其中，曲线包括圆弧、圆、椭圆弧、椭圆和样条曲线。面域可用来填充和着色、使用分析特性（如面积）、提取设计信息（如形心）等。

可以选择"绘图"|"面域"命令来执行面域命令，然后选择构成面域的对象。

2. 创建边界

选择"绘图"|"边界"命令，出现"边界创建"对话框，单击"拾取点"按钮，在绘图窗口单击一个封闭区域，根据选择的边界类型，可以创建一个边界的多段线或面域对象。

3. 查询距离

选择"工具"|"查询"|"距离"命令,然后捕捉两点,可以在命令行窗口显示两点之间的距离。

4. 查询面积

查询面积是计算对象或指定区域的面积及周长,因而查询对象必须是一个封闭区域。对于独立对象的封闭区域(多段线、圆、样条曲线、正多边形、矩形、椭圆、圆环、填充区域等),可直接选择对象查询;对于由纯线段组成的封闭区域,可以沿着线段的端点指定一系列的角点进行查询;对于由线段和曲线组成的封闭区域,需要将所有的图线转换成独立对象才可以查询。

选择"工具"|"查询"|"面积"命令,可以查询面积和周长,还可以查询多个对象的面积之和或对象的面积之差。

打开"加"模式后,可以计算各个定义区域和对象的面积、周长,同时也可以计算所有定义区域和对象的总面积,还可以连续选择对象相加。可以使用"减"选项从总面积中减去指定面积。

5. 查询面域/质量特性

查询面域/质量特性用于计算面域或实体的质量特性,显示的特性取决于选定的对象是面域还是实体。该命令可以计算面积、周长、边界框的 X 和 Y 坐标变化范围、质心坐标、惯性矩、惯性积、旋转半径、主力矩及质心的 X-Y 方向。

选择"工具"|"查询"|"面域/质量特性"命令,选择对象后,按 Enter 键结束选择,即可弹出"AutoCAD 文本窗口"对话框来显示各种参数。

8.3.7　随堂练习

建立布局基础样板文件,使其具有 A0~A4 五个布局,选择 DWF6 ePlot.pc3 打印机,绘制边框和标题栏。

8.4　上机练习

(1) 绘制低电压下的继电器控制电路图,如图 8-54 所示。

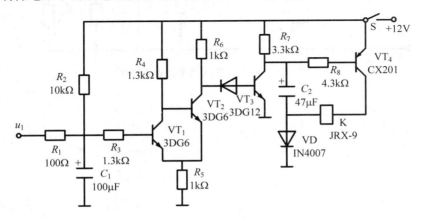

图 8-54　低电压下的继电器控制电路图

（2）绘制简易热合机节电控制电路图，如图 8-55 所示。

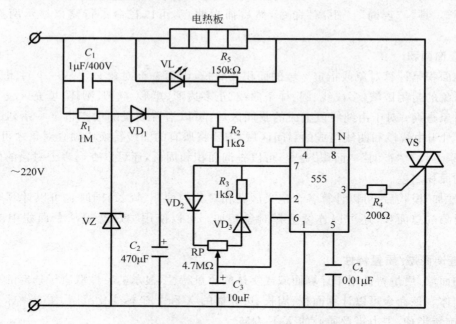

图 8-55　简易热合机节电控制电路图

（3）绘制简单红外线报警装置电路图，如图 8-56 所示。

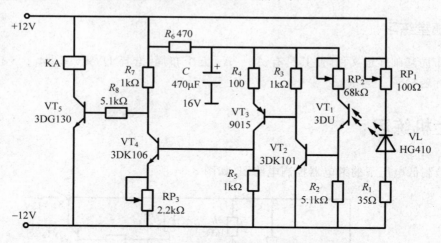

图 8-56　简单红外线报警装置电路图

第 **9** 章

实 训

9.1 实训 1 精确绘制二维图形

9.1.1 实训目的

绘制如图 9-1 所示的图形。

9.1.2 实训步骤

1. 绘图分析

1) 尺寸分析

(1) 尺寸基准如图 9-2(a)所示。

(2) 定位尺寸如图 9-2(b)所示。

(3) 定形尺寸如图 9-2(c)所示。

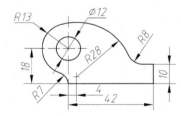

图 9-1 绘制的平面图形

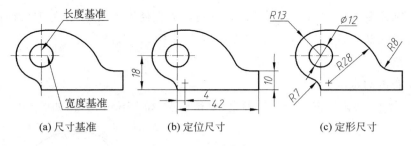

(a) 尺寸基准   (b) 定位尺寸   (c) 定形尺寸

图 9-2 尺寸分析

2) 线段分析

(1) 已知线段如图 9-3(a)所示。

(2) 中间线段如图 9-3(b)所示。

(3) 连接线段如图 9-3(c)所示。

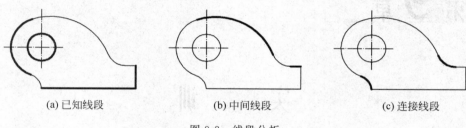

(a) 已知线段　　　　(b) 中间线段　　　　(c) 连接线段

图 9-3　线段分析

2. 操作步骤

步骤一：新建文件

利用建立的 A3 样板文件新建图形，保存为"平面图形实战练习"。

步骤二：绘制基准线

(1) 选择"中心线"层，执行直线命令，绘制圆的中心线。

(2) 选择"粗实线"层，利用对象追踪方式绘制 42mm 长的直线，如图 9-4 所示。

步骤三：绘制已知线段

绘制已知线段如图 9-5 所示。

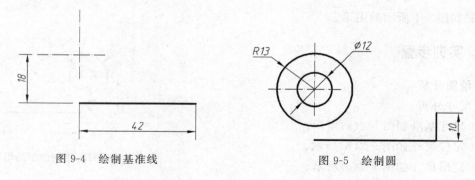

图 9-4　绘制基准线　　　　　　　图 9-5　绘制圆

(1) 执行圆命令，选择"圆心、半径"方式绘制左侧直径为 12 和半径为 13 的两个圆。

(2) 执行直线命令，在 42mm 长的直线右侧绘制 10mm 竖线。

步骤四：绘制中间线段

(1) 绘制右侧的水平线。

执行直线命令，其长度按比例大约确定，要稍长点，如 15mm 即可，如图 9-6(a) 所示。

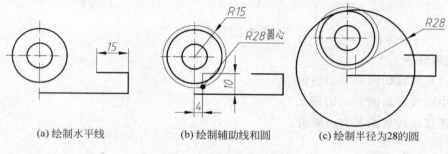

(a) 绘制水平线　　　(b) 绘制辅助线和圆　　　(c) 绘制半径为28的圆

图 9-6　绘制中间线段

（2）求作半径为 28 的圆弧圆心。

① 绘制辅助线,利用对象追踪和捕捉到平行线方式绘制与中心线相差 4mm 的竖线,竖线长度 10mm。

② 绘制辅助圆,绘制半径为（28－13＝）15mm 的圆,其与 10mm 竖线的交点即为半径为 28 圆弧的圆心,如图 9-6(b)所示。

（3）执行圆命令,绘制半径为 28 的圆,如图 9-6(c)所示。

（4）简单整理图形。

① 空命令下单击辅助竖线和半径为 15 的圆,出现蓝色夹点,激活任一夹点后右击,选择快捷菜单上的"删除"命令,则辅助线和圆被删除,如图 9-7(a)所示。

② 单击"修改"工具栏"修剪"按钮 ⁄ 。

③ 单击半径为 13 的圆和长 15 的中间线段,按 Enter 键。

④ 单击半径为 28 的圆左下方部分,则半径为 28 的圆与半径为 13 的圆相切点及与长 15 的线段相交点左下角的圆弧被剪切。

⑤ 按 Enter 键结束,如图 9-7(b)所示。

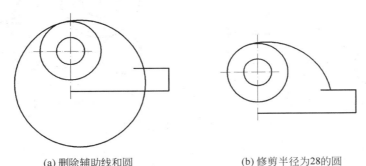

(a) 删除辅助线和圆　　　　　　(b) 修剪半径为28的圆

图 9-7　整理中间线段

步骤五：绘制连接线段

（1）绘制半径为 8 的圆。

① 执行"相切,相切,半径"的圆命令。

② 单击半径为 28 的圆弧下部和长 15 的线段圆弧的外侧部分（大约切点处）,确定切点。

③ 输入数值 8,按 Enter 键,完成半径为 8 的圆弧的圆的绘制,如图 9-8(a)所示。

（2）求作半径为 7 的圆弧圆心,如图 9-8(b)所示。

① 以 42 线段左端点为圆心,绘制半径为 7 的圆。

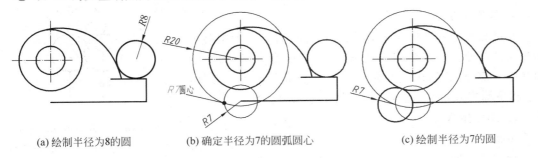

(a) 绘制半径为8的圆　　　　(b) 确定半径为7的圆弧圆心　　　　(c) 绘制半径为7的圆

图 9-8　绘制连接线段

② 以半径为 13 的圆心为圆心，以（13＋7＝）20mm 为半径绘制圆；两圆交点为半径为 7 的圆弧的圆心。

（3）绘制半径为 7 的圆。

以所求圆心为圆心，绘制半径为 7 的圆，如图 9-8（c）所示。

步骤六：整理图形

（1）选择绘制的辅助线圆，按 Del 键，则辅助线圆被删除，如图 9-9（a）所示。

（2）单击"修改"工具栏"修剪"按钮。

（3）单击半径为 13 的圆、半径为 26 的圆弧、半径为 7 的圆、半径为 8 的圆、长为 40 的线段和长为 15 的中间线段，按 Enter 键。

（4）分别单击要删除的 6 段图线，如图 9-9（b）所示。注意，其中 1、2 段必须先 1 后 2，其他顺序无所谓，按 Enter 键结束。

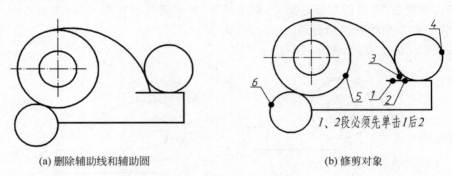

(a) 删除辅助线和辅助圆　　　　　　　　(b) 修剪对象

图 9-9　整理图形

步骤七：保存文件

选择"文件"|"保存"命令，保存文件。

9.2　实训 2　常用电气元件的绘制

9.2.1　实训目的

绘制三相变压器（星形－星形－三角形连接）的图形符号，并保存成图块，如图 9-10 所示。

9.2.2　实训步骤

1. 绘图分析

通过分析三相变压器图形的特点，可以看出图形中有很多相同的部分。可以先用多边形命令、直线命令、圆命令绘制其中一部分，然后用复制命令绘制其余部分即可。另外，3 个圆是均匀分布的，也可以用阵列命令来画。

2. 操作步骤

步骤一：新建文件

利用建立的 A3 样板文件新建图形。

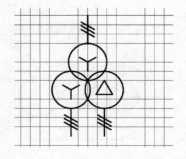

图 9-10　三相变压器（星形－星形－三角形连接）图形符号

步骤二：绘制 3 个圆

（1）选择"元件层"图层。

（2）执行多边形命令，绘制一个等边三角形，内接于圆半径为 5。

（3）执行圆命令，以等边三角形一个顶点为圆心，绘制一个半径为 5 的圆，如图 9-11（a）所示。

（4）执行复制命令，绘制其他两个圆，如图 9-11（b）所示。

（5）执行删除命令，删除已绘制好的三角形，如图 9-11（c）所示。

(a) 绘制等边三角形和圆   (b) 复制圆   (c) 删除等边三角形

图 9-11 圆的绘制

步骤三：绘制竖直、倾斜直线

（1）执行直线命令，选择圆的象限点，分别绘制 3 条长为 7.5 的竖线。

（2）执行直线命令，选择竖线的中点，绘制一条长为 4，夹角为 150° 的斜线，如图 9-12（a）所示。

（3）执行复制命令，选择斜线中点为基点，位移为 1，绘制另 2 条斜线，如图 9-12（b）所示。

（4）执行复制命令，选择竖线中点为基点，绘制另外 2 条竖线上的 3 条斜线，如图 9-12（c）所示。

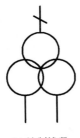 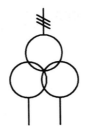 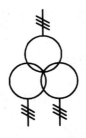

(a) 绘制线段   (b) 复制斜线   (c) 复制结果

图 9-12 竖直、倾斜直线的绘制

步骤四：绘制圆内对象

（1）执行多边形命令，以圆的圆心为内接圆的圆心，内接圆半径为 2.5，绘制一个等边三角形，底边在上。

（2）同样方法，执行多边形命令，绘制另一个等边三角形，底边在下，如图 9-13（a）所示。

（3）执行直线命令，分别选择三角形的三个顶点和圆的圆心，绘制 3 条直线，如图 9-13（b）所示。

（4）执行删除命令，删除等边三角形，如图 9-13（c）所示。

（5）执行复制命令，选择圆的圆心为基点，在左下圆中复制图形 Y。

步骤五：保存为图块

在命令行输入 wblock，保存名为"三相变压器"的图块。

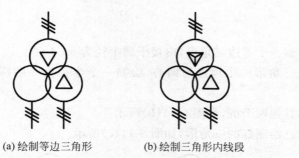
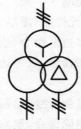

(a) 绘制等边三角形   (b) 绘制三角形内线段   (c) 删除对象

图 9-13　圆内对象的绘制

提示：三相变压器（星形—星形—三角形连接）符号还有另一种表现形式，如图 9-14 所示。

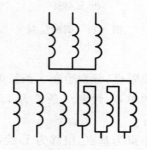

图 9-14　三相变压器符号的另一种形式

9.3　实训 3　电气文本与尺寸标注

9.3.1　实训目的

标注如图 9-15 所示的平面图形尺寸。

9.3.2　实训步骤

1. 标注分析

1）确定基准。

基准为水平中心线。

2）标注尺寸。

（1）标注已知线段尺寸。

① 用修改文字的方法标注 $\phi16$ 和线性尺寸 15 和 75，用连续标注。

② 标注 SR13 和 SR8。

（2）标注中间线段尺寸。

标注 R50、选择捕捉象限点标注 $\phi26$。

（3）标注连接线段尺寸。

标注 R16。

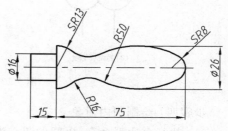

图 9-15　手柄

2. 操作步骤

步骤一：新建文件

（1）打开 2.4 节建立的"手柄"文件。

（2）选择"尺寸标注"图层。

步骤二：标注已知线段尺寸

（1）选择"电气样式"样式，执行"线性"命令，标注 15；执行"连续"命令，标注 75。

（2）选择"线性"命令，选择 A、B 两点后，命令行提示：

多行文字(M)/文字(T)/角度(A)/水平(H)/垂直(V)/旋转(R)：

输入 T，按 Enter 键；输入 ％％c16，按 Enter 键，单击尺寸放置位置完成 ϕ16 尺寸标注。

（3）选择"半径"命令，选择半径为 13 的圆弧，输入 T，按 Enter 键；输入 SR13，按 Enter 键。单击尺寸放置位置完成 SR13 尺寸标注。

（4）同样方法完成 SR8 尺寸标注。

标注已知线段尺寸如图 9-16 所示。

步骤三：标注中间线段尺寸

（1）执行"半径"命令，标注 R50。

（2）设置捕捉"象限点"，执行"线性"命令，标注 ϕ26，如图 9-17 所示。

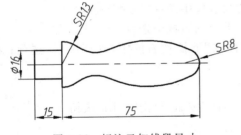

图 9-16　标注已知线段尺寸

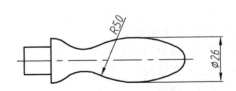

图 9-17　标注中间线段尺寸

步骤四：标注连接线段尺寸

执行"半径"命令，标注 R16。

步骤五：保存文件

选择"文件(F)"|"保存(S)"，保存文件。

9.4　实训 4　电气图块和表格

9.4.1　实训目的

绘制电气设备表，如图 9-18 所示。

9.4.2　实训步骤

1. 绘图分析

电气设备表是电气工程图中常用的一类表格。通常，在表格中列举所使用的电气设备名

配电柜编号		1P1	1P2	1P3	1P4	1P5
配电柜型号		GCK	GCK	GCJ	GCJ	GCK
配电柜柜宽		1000	1800	1000	1000	1000
配电柜用途		计量进线	干式变压器	电容补偿柜	电容补偿柜	馈电柜
主要元件	隔离开关			QSA-630/3	QSA-630/3	
	断路器	AE-3200A/4P	AE-3200A/3P	CJ20-63/3	CJ20-63/3	AE-1600A×2
	电流互感器	3XLMZ2-0.66-2500/5 4XLMZ2-0.66-3000/5	3XLMZ2-0.66-3000/5	3XLMZ2-0.66-500/5	3XLMZ2-0.66-500/5	6XLMZ2-0.66-1500/5
	仪表规格	DTF-224 1象 6L2-AX3 DXF-226 2象 6L2-VX1	6L2-AX3	6L2-AX3 6L2-COSΦ	6L2-A×3	6L2-A
负荷名称/容量		SC9-1600kVA	1600kVA	12×30=360kVAR	12×30=360kVAR	
导线及进出线电缆		导线槽FCM-A-3150A		配十二步自动投切	与主柜联动	

图 9-18　电气设备表

称、编号、型号、规格和容量等内容。绘制时,首先创建表格样式,再插入表格,同时对表格进行调整,最后录入文本。

2. 操作步骤

步骤一:新建文件

利用建立的 A3 样板文件新建图形,保存为"电气设备表"。

步骤二:创建"电气设备表"表格样式

(1) 选择"格式"|"表格样式"命令,出现"表格样式"对话框。

(2) 单击"新建"按钮,新建一个名为"电气设备表"的样式。

(3) 在"单元样式"选项组的"单元样式"下拉列表框中选择"数据"选项。

① 打开"常规"选项卡,在"特性"组的"对齐"下拉列表框中选择"正中"选项。

② 打开"文字"选项卡,在"特性"组的"文字样式"下拉列表框中选择"汉字"选项;在"文字高度"文本框中输入 5。

③ 单击"确定"按钮,返回"表格样式"对话框。

(4) 选中新建样式"电气设备表",单击"置为当前"按钮,单击"关闭"按钮。

步骤三:创建"电气设备表"表格

(1) 单击"绘图"工具栏上的"表格"按钮▦,出现"插入表格"对话框。

① "列和行设置"选项组中,在"列数"文本框中输入 7;在"列宽"文本框中输入 80;在"数据行数"文本框中输入 9。

② "设置单元样式"选项组中,从"第一行单元样式"下拉列表框中选择"数据"选项;从"第二行单元样式"下拉列表框中选择"数据"选项。

③ 单击"确定"按钮。

(2) 在绘图区指定插入点,弹出表格及"文字格式"对话框,单击"确定"按钮,如图 9-19 所示。

图 9-19　插入表格

步骤四:调整"电气设备表"表格

(1) 选中 A1 至 B4 共 8 个单元,单击"表格"对话框中的"合并单元"按钮▦ ▼,选择"按行"。

（2）选中 B7 至 G8 共 12 个单元，单击"表格"对话框中的"合并单元"按钮 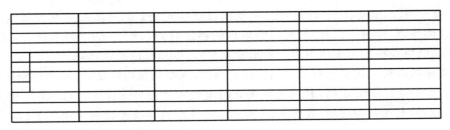，选择"按列"。

（3）选中 A9 至 B11 共 6 个单元，单击"表格"对话框中的"合并单元"按钮 ，选择"按行"。

（4）选中 A5 至 A8 共 4 个单元，向左调整右侧列表的位置。

（5）单击，完成表格，如图 9-20 所示。

图 9-20　调整表格

步骤五：输入文字

（1）双击 A1 单元，出现"文字格式"对话框，输入第一单元内容。

（2）用 Tab 键（或方向键）切换单元，完成所有单元的输入。

步骤六：保存文件

选择"文件"|"保存"命令，保存文件。

9.5　实训 5　电动机控制电路图

9.5.1　实训目的

绘制双速电动机三角形变双星形的控制电路图，如图 9-21 所示。

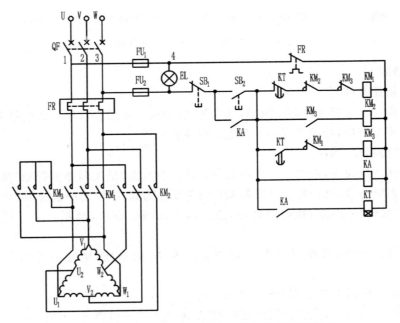

图 9-21　双速电动机三角形变双星形的控制电路图

9.5.2　实训步骤

1. 绘图分析

在双速电动机三角形变双星形的控制电路图中，当按下启动按钮 SB$_2$，主电路接触器 KM$_1$ 的主触头闭合，电动机三角形连接，电动机以低速运转；同时 KA 的常开触头闭合使时间继电器线圈带电，经过一段时间（时间继电器的整定时间），KM$_1$ 的主触头断开，KM$_2$、KM$_3$ 的主触头闭合，电动机的定子绕组由三角形变双星形，电动机以高速运转。

绘制双速电动机三角形变双星形的控制电路图，先绘制供电线路，再添加控制线路。绘制思路如下：首先进行图纸布局，利用前期建立的电气元件符号图块库，通过插入图块的方法，分别绘制主要的电气元件符号，如图 9-22 所示；然后绘制导线连接各个电气元件；最后标注文字注释。

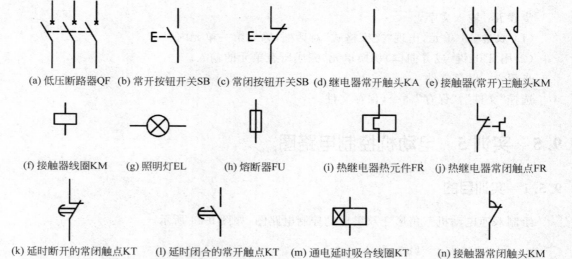

(a) 低压断路器QF　(b) 常开按钮开关SB　(c) 常闭按钮开关SB　(d) 继电器常开触头KA　(e) 接触器(常开)主触头KM

(f) 接触器线圈KM　　(g) 照明灯EL　　(h) 熔断器FU　　(i) 热继电器热元件FR　(j) 热继电器常闭触点FR

(k) 延时断开的常闭触点KT　(l) 延时闭合的常开触点KT　(m) 通电延时吸合线圈KT　(n) 接触器常闭触头KM

图 9-22　电路图所需的电气元件符号

2. 操作步骤

步骤一：新建文件

利用建立的 A3 样板文件新建图形，保存为"电动机三角形变双星形的控制电路图"。

步骤二：图纸布局，绘制接线端子和低压断路器 QF

(1) 选择"线路层"图层。

(2) 执行插入块命令，在绘图区域内选择合适位置放置"低压断路器符号"图块。

(3) 执行直线命令，选择低压断路器 QF 的左端点为起点，绘制一条长为 10 的直线。

(4) 选择"元件层"图层，执行圆命令，选择两点画圆的方法，绘制一个直径为 3 的圆，如图 9-23(a)所示。

(5) 执行复制命令，选择直径为 3 的圆和长为 10 的直线，绘制另外两个相关对象，如图 9-23(b)所示。

步骤三：绘制热继电器线圈 FR 及相关线路

(1) 执行插入块命令，选择合适位置放置"热继电器热元件符号"图块。

(2) 使用夹点编辑的方法，激活长方形右边线的中点，将热元件符号中的长方形拉伸到合适位置,如图 9-24 所示。

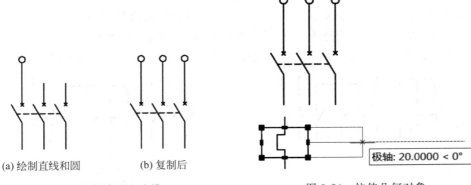

图 9-23　绘制端子和连线　　　　　图 9-24　拉伸几何对象

(3) 执行复制命令,选择长方形内的热执行器图形符号,在右边合适位置复制两次。

(4) 选择"虚线"图层。执行直线命令,选择中点,绘制水平线。

(5) 选择"线路层"图层。执行直线命令,连接低压断路器和热继电器热元件符号,如图 9-25 所示。

步骤四:绘制接触器常开主触头 KM 及相关线路

(1) 执行插入块命令,选择合适位置放置"接触器常开主触头符号"图块。

(2) 执行复制命令,在图块的两边合适位置分别复制一个接触器常开主触头符号。

(3) 执行直线命令,绘制相关线路,如图 9-26 所示。

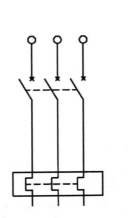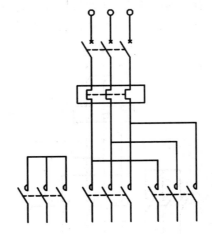

图 9-25　绘制热继电器线圈及相关线路　　　图 9-26　绘制接触器常开主触头符号及相关电路

步骤五:绘制电动机和相关线路

(1) 选择"元件层"图层。执行多段线命令,以距离 A 点 50mm 的 B 点为起点,往左画长为 4mm 的直线。

(2) 输入 A,按 Enter 键。再输入 CE,按 Enter 键。

(3) 使用极轴追踪模式,输入 2 确定圆心位置。

(4) 单击选择圆弧的端点,完成一个圆弧的绘制。

(5) 输入 CE,按 Enter 键。

(6) 重复上步骤(3)和(4),完成第 2 个圆弧的绘制。

（7）同样方法，重复步骤（5）和（6），完成第 3 个圆弧的绘制。

（8）输入 L，按 Enter 键。再输入 4，按 Enter 键，如图 9-27（a）所示。

（9）执行复制命令，选择画好的线圈和线，在水平位置的右边复制一次。

（10）执行旋转命令，选择复制选项，设置旋转角度为 60°，在左边绘制。

（11）执行旋转命令，选择复制选项，设置旋转角度为 300°，在右边绘制，如图 9-27（b）所示。

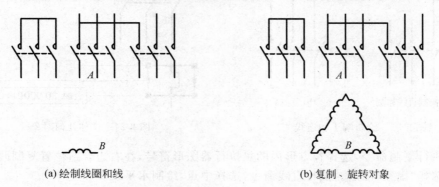

(a) 绘制线圈和线　　　　　　(b) 复制、旋转对象

图 9-27　绘制电动机

（12）选择"线路层"图层。执行直线命令，绘制相关线路，如图 9-28 所示。

步骤六：绘制熔断器 FU、照明灯 EL 及相关线路

（1）执行插入块命令，设置旋转角度为 90°，选择合适位置放置"熔断器符号"图块。

（2）执行插入块命令，选择合适位置放置"照明灯符号"图块。

（3）执行复制命令，在图块下方复制一个熔断器符号。

（4）执行直线命令，绘制相关线路，如图 9-29 所示。

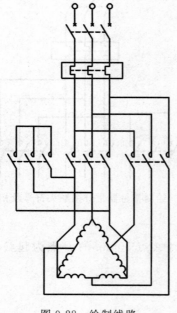

图 9-28　绘制线路

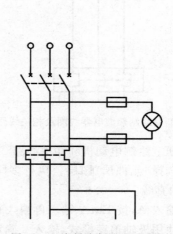

图 9-29　绘制熔断器和照明灯

步骤七：绘制按钮开关 SB、继电器常开触头 KA、延时断开的常闭触点 KT、热继电器常闭触点 FR 及相关线路

（1）执行插入块命令，设置旋转角度为 90°，选择合适位置放置"常闭按钮开关符号"图块。

（2）执行插入块命令，设置旋转角度为 90°，选择合适位置放置"常开按钮开关符号"图块。

（3）执行插入块命令，设置旋转角度为 90°，选择合适位置放置"继电器常开触头符号"图块。

（4）执行插入块命令，设置旋转角度为 90°，选择合适位置放置"延时断开的常闭触点符号"图块。

（5）执行插入块命令，设置旋转角度为 90°，选择合适位置放置"热继电器常闭触点符号"图块。

（6）执行镜像命令，选择热继电器常闭触点符号中的"热执行器操作符号"，将其绘制到下方，如图 9-30 所示。

（7）执行直线命令，结合使用夹点编辑的方法，绘制线路，连接相关元件符号。

步骤八：绘制继电器常开触头 KA、延时断开的常闭触点 KT、接触器常闭主触头 KM 和线圈及相关线路

（1）执行插入块命令，设置旋转角度为 90°，选择合适位置放置"接触器常闭主触头符号"图块。

（2）执行复制命令，结合极轴追踪模式，在接触器常闭主触头符号 KM$_2$ 右侧绘制一个图块，在其下方再绘制一个图块，如图 9-31 所示。

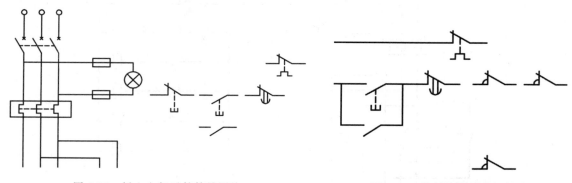

图 9-30　插入电气元件符号图块　　　　　　　图 9-31　绘制接触器常闭触头

（3）执行复制命令，结合极轴追踪模式，在继电器常开触头 KA 右侧复制一个图块，在其下方再复制一个图块。

（4）执行插入块命令，设置旋转角度为 90°，在延时断开的常闭触点 KT 下方选择合适位置放置"延时闭合的常开触点符号"图块，如图 9-32 所示。

（5）执行插入块命令，设置旋转角度为 90°，选择合适位置放置"接触器线圈符号"图块。

（6）执行复制命令，在接触器线圈符号下方分别复制三次。

（7）执行插入块命令，设置旋转角度为 90°，选择合适位置放置"通电延时吸合线圈符号"图块，如图 9-33 所示。

（8）执行直线命令，结合使用夹点编辑的方法，绘制线路，将相关元件符号连接起来。

（9）执行圆环命令，绘制接线点符号，如图 9-34 所示。

步骤九：添加文字注释

（1）选择"文字说明"图层。

（2）执行多行文字命令，字高为 5，书写 U。

（3）执行复制命令，在其他所有需要写文字的位置复制 U。

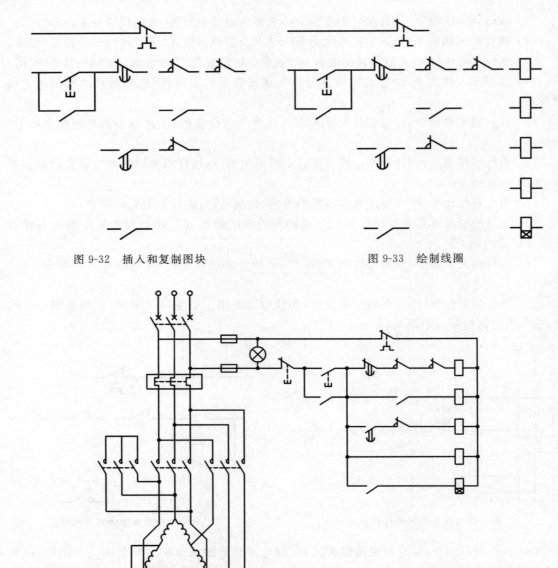

图 9-32 插入和复制图块   图 9-33 绘制线圈

图 9-34 绘制接线点符号

（4）双击需要更改的文字，逐个修改即可。

步骤十：保存文件

选择"文件"|"保存"命令，保存文件。

9.6 实训 6 机械电气设备控制电路图

9.6.1 实训目的

绘制 Z35 型摇臂钻床电气控制电路图，如图 9-35 所示。

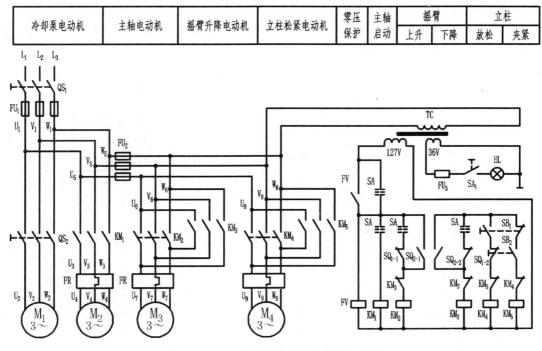

冷却泵电动机	主轴电动机	摇臂升降电动机	立柱松紧电动机	零压保护	主轴启动	摇臂		立柱	
						上升	下降	放松	夹紧

图 9-35　Z35 型摇臂钻床电气控制电路图

9.6.2　实训步骤

1. 绘图分析

摇臂钻床是一种立式钻床,其运动形式分为主运动、进给运动和辅助运动。其中,主运动为主轴的旋转运动;进给运动为主轴的纵向移动;辅助运动包括摇臂沿外立柱的垂直移动、主轴箱沿摇臂的径向移动、摇臂与外立柱一起相对于内立柱的回转运动等。

摇臂钻床的主轴旋转运动和进给运动由一台交流异步电动机拖动,主轴的正反旋转运动是通过机械转换实现的,故主电动机只有一个旋转方向。

摇臂钻床除了主轴的旋转和进给运动外,还有摇臂的上升、下降及立柱的夹紧和放松。摇臂的上升、下降由一台交流异步电动机拖动;立柱的夹紧和放松由另一台交流电动机拖动。

绘制这样的电气图分为以下几个阶段:按照图纸的主要组成部分,首先绘制主回路,然后是控制回路和照明指示回路,最后添加文字注释。在绘制各个回路时,先分别绘制各个元器件,然后将各个元器件按照顺序依次用导线连接,最后把这 3 个主要组成部分按照合适的尺寸平移到对应的位置。

2. 操作步骤

步骤一:新建文件

利用建立的 A3 样板文件新建图形,保存为"Z35 型摇臂钻床电气控制电路图"。

步骤二:图纸布局,绘制主回路

(1) 选择"线路层"图层。

(2) 绘制总电源,如图 9-36 所示。

(3) 绘制冷却泵电动机 M_1。冷却泵电动机为手动启动,手动多极按钮开关 QS_2 控制其运行或停止,如图 9-37 所示。

（4）绘制主轴电动机 M_2 。主轴电动机的启动和停止由 KM_1 主触点控制,主轴如果过载,相电流会增大,FR 熔断,起到保护作用,如图 9-38 所示。

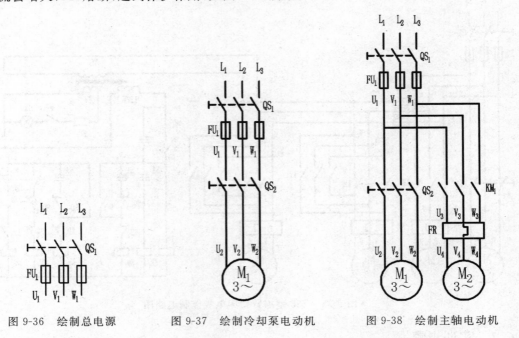

图 9-36　绘制总电源　　　图 9-37　绘制冷却泵电动机　　　图 9-38　绘制主轴电动机

（5）绘制摇臂升降电动机 M_3 。摇臂升降电动机要求可以正反向启动,并有过载保护,回路必须串联正反转继电器主触点和熔断器,如图 9-39 所示。

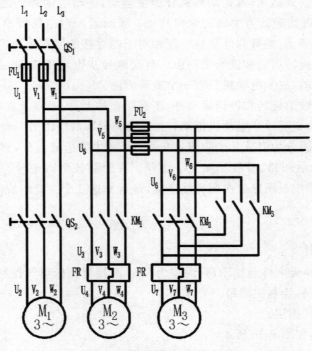

图 9-39　绘制摇臂升降电动机

（6）绘制立柱松紧电动机 M_4。立柱松紧电动机要求可以正反向启动，并具有过载保护，回路必须串联正反转继电器主触点和熔断器，如图 9-40 所示。

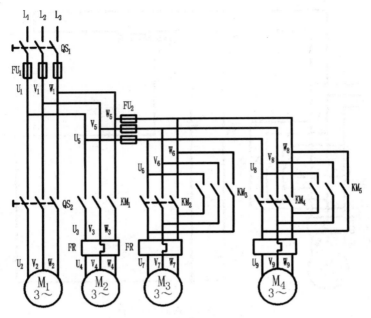

图 9-40 绘制立柱松紧电动机

步骤三：绘制控制回路

（1）绘制控制系统供电电路。控制回路从主回路中抽取两根电源线，绘制线圈、铁芯和导线符号，供电系统通过变压器为控制系统供电，如图 9-41 所示。

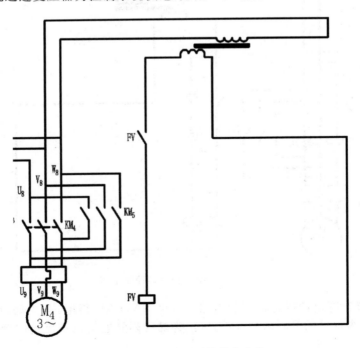

图 9-41 绘制控制系统供电电路

(2) 绘制零压保护电路。零压保护是通过鼓形开关 SA 和接触器 FV 实现的,如图 9-42 所示。

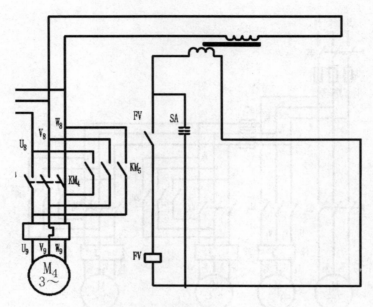

图 9-42　绘制零压保护电路

(3) 绘制主轴启动控制电路。扳动 SA,KM₁ 得电,KM₁ 主触点闭合,主轴启动,如图 9-43 所示。

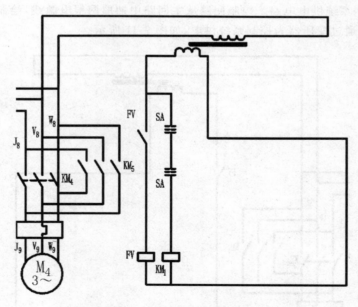

图 9-43　绘制主轴启动控制电路

(4) 绘制摇臂升降电动机正转控制电路。扳动 SA,KM₂ 得电,其主触点闭合,摇臂升降电动机正转,SQ₁ 为摇臂的升降限位开关,SQ₂ 为摇臂升降电动机正反转位置开关,KM₃ 为反转互锁开关,如图 9-44 所示。

(5) 绘制摇臂升降电动机反转控制电路,如图 9-45 所示。

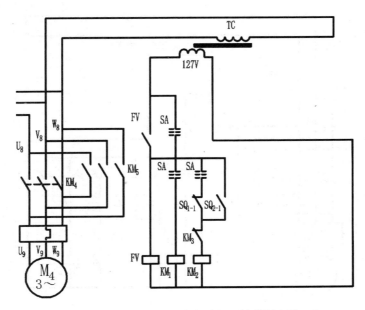

图 9-44　绘制摇臂升降电动机正转控制电路

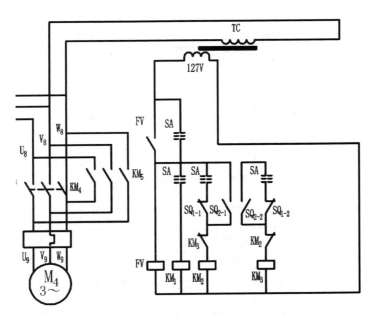

图 9-45　绘制摇臂升降电动机反转控制电路

（6）绘制立柱松紧电动机正反转控制电路,如图 9-46 所示。按下 SB_1,KM_4 得电,SB_2 闭合,KM_5 辅助触点闭合,M_4 正转;同理,按下 SB_2,M_4 反转。

步骤四：绘制照明回路

（1）绘制线圈、铁芯和导线,供电线路通过变压器为照明回路供电,如图 9-47 所示。

（2）绘制手动开关、保险丝、照明灯和导线,如图 9-48 所示,完成照明回路的绘制。

（3）整理图形,绘制接线点符号。

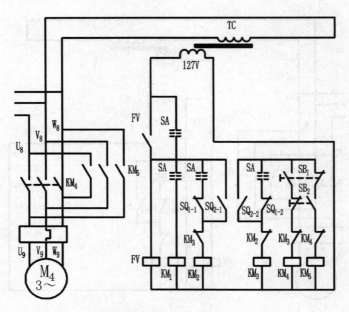

图 9-46　绘制立柱松紧电动机正反转控制电路

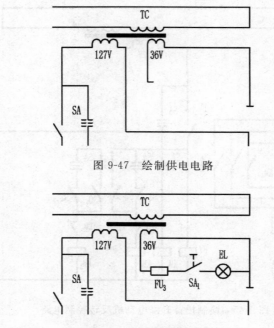

图 9-47　绘制供电电路

图 9-48　完成照明回路绘制

步骤五：添加文字注释

（1）执行矩形命令，在各个功能模块的正上方绘制矩形区域。

（2）选择"文字说明"图层。

（3）执行多行文字命令，在相应矩形区域内填写文字说明，如图 9-49 所示。

步骤六：保存文件

选择"文件"|"保存"命令，保存文件。

冷却泵电动机	主轴电动机	摇臂升降电动机	立柱松紧电动机	零压保护	主轴启动	摇臂		立柱	
						上升	下降	放松	夹紧

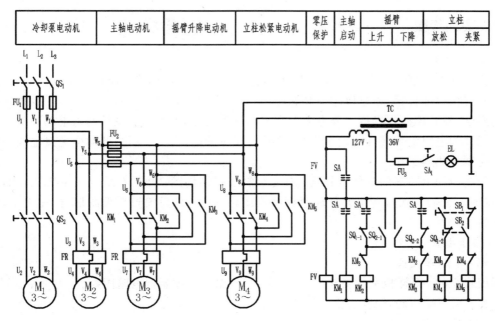

图 9-49　绘制功能标识

9.7　实训 7　电工电子电路图

9.7.1　实训目的

绘制水温自动控制器电路图,如图 9-50 所示。

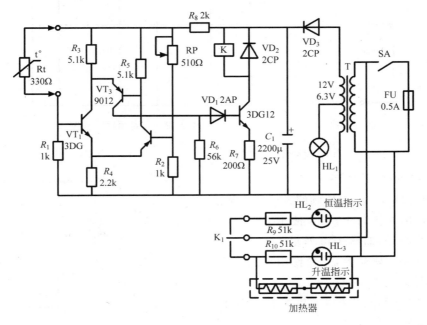

图 9-50　水温自动控制器电路图

9.7.2 实训步骤

1. 绘图分析

水温自动控制器是具有简单人工智能的温度控制电路,使用该电路进行温度控制时,只需将开关放置在合适位置,通过设定控制温度,并通过恒温指示元件所显示的温度值,即可精确地控制温度,使温控操作变得十分方便。当水温发生变化时,水温自动控制器电路中的一些温敏电气元件的电阻值等属性将发生变化,导致电路中的电流发生变化,此时会通过电路中的预设置来控制加热器工作。

绘制这样的电路图的具体步骤是:首先绘制线路结构图;然后在绘制了主要元件的基础上,通过插入块的方式将各个元件放置到结构线路图中;最后编辑整理图形,标注文字,完成电路图的绘制。

2. 操作步骤

步骤一:新建文件

利用建立的 A3 样板文件新建图形,保存为"水温自动控制器电路图"。

步骤二:图纸布局,绘制主要线路结构图

(1) 选择"线路层"图层。

(2) 执行圆命令,绘制直径为 2.5 的圆。

(3) 执行多段线命令,绘制热敏元件周围线路,如图 9-51 所示。

(4) 执行矩形和直线命令,绘制主要线路结构,如图 9-52 所示。

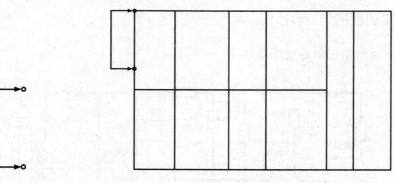

图 9-51 部分线路   图 9-52 主要线路结构图

步骤三:绘制电子元件图形符号

(1) 选择"元件层"图层。

(2) 执行分解命令,将所画的矩形框分解。

(3) 执行插入块命令,结合使用夹点编辑的方法,绘制热敏电阻图形符号,如图 9-53 所示。

(4) 执行插入块命令,结合使用夹点编辑的方法,绘制电阻图形符号。

(5) 选择"线路层"图层。执行直线命令,绘制相关线路,如图 9-54 所示。

(6) 执行插入块命令,绘制三极管图形符号。

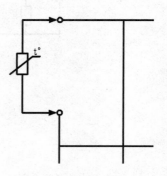

图 9-53 绘制热敏电阻图形符号

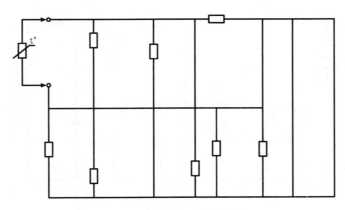

图 9-54 绘制电阻图形符号

（7）执行直线命令,结合使用夹点编辑的方法,绘制和修改相关线路,如图 9-55 所示。

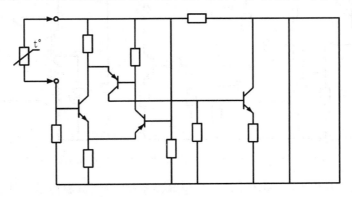

图 9-55 绘制三极管图形符号

（8）执行插入块命令,结合使用夹点编辑的方法,绘制二极管和滑动变阻器图形符号,如图 9-56 所示。

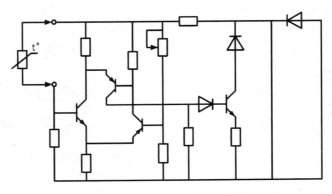

图 9-56 绘制二极管和滑动变阻器图形符号

（9）执行插入块命令,结合使用夹点编辑的方法,绘制电容器和电压器图形符号,如图 9-57 所示。

（10）执行插入块命令,绘制电灯、开关和熔断器图形符号。

（11）执行直线命令,绘制相关线路,如图 9-58 所示。

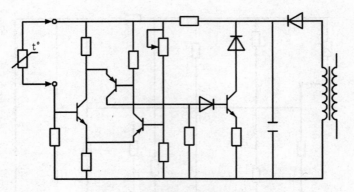

图 9-57　绘制电容器和电压器图形符号

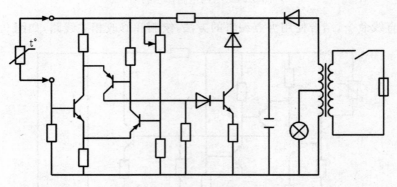

图 9-58　绘制电灯、开关、熔断器图形符号及相关线路

(12) 选择"元件层"图层。执行圆、直线和偏移命令，绘制恒温指示元件。

(13) 执行图案填充命令，选择 Solid 图案，填充恒温指示元件图形符号中的小圆。

(14) 执行复制命令，绘制升温指示元件，如图 9-59 所示。

(15) 执行矩形和直线命令，绘制恒温电阻。

(16) 执行圆、直线和镜像命令，绘制单刀双掷开关，如图 9-60 所示。

(17) 执行多段线和矩形命令，绘制如图 9-61(a)所示的图形。

(18) 执行复制、圆和图案填充命令，绘制如图 9-61(b)所示的图形。

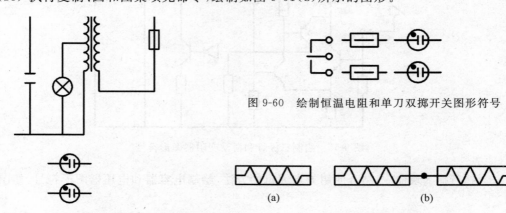

图 9-60　绘制恒温电阻和单刀双掷开关图形符号

(a)　　　(b)

图 9-59　绘制恒温和升温指示元件图形符号　　　图 9-61　绘制加热器相关图形

（19）执行矩形命令，并修改线型为 DASHEDX2，完成加热器的绘制。

（20）选择"线路层"图层。执行直线命令，绘制相关线路，如图 9-62 所示。

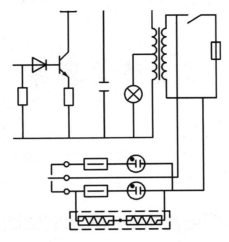

图 9-62　绘制加热器周围线路

（21）执行矩形和直线命令，补全电路图，如图 9-63 所示。

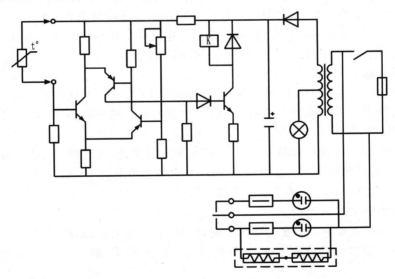

图 9-63　未添加文字注释的水温自动控制器电路图

步骤四：添加文字注释

（1）选择"文字说明"图层。

（2）执行多行文字命令，添加文字标注。

步骤五：保存文件

选择"文件"|"保存"命令，保存文件。

第10章

实训练习题库

10.1 题库1 与非门电路构成的触摸式照明电路设计

1. 与非门电路构成的触摸式照明电路工作原理

由与非门电路构成的触摸式照明控制电路是利用触摸开关代替传统的按键式开关,该电路主要以与非门集成电路为主,对照明灯进行延迟控制。该电路可以应用在室内照明中。触摸式照明灯控制电路主要由控制电路、双稳态触发电路和触摸电路3部分构成。

(1) 与非门电路构成的触摸式照明电路开灯的工作流程:

① 触摸感应键 A 被按下。

② 感应信号经与非门 D_1、D_2 整形后,经二极管 VD_1 为双稳态触发电路提供信号。

③ 双稳态触发电路接收到感应信号后,发生翻转,D_4 输出高电平,为晶体三极管 VT_1、VT_2 提供控制信号,使晶体三极管 VT_1、VT_2 导通。

④ +12V 经继电器 KM 和晶体三极管 VT_2 形成回路,使继电器 KM 的线圈动作,常开触点 KM_{-1} 接通。常开触点 KM_{-1} 接通后,AC220V 电压为照明灯 EL 供电使之点亮。

(2) 与非门电路构成的触摸式照明电路关灯的工作流程:

① 再次触摸感应键 A 时。

② 感应信号会使双稳态触发电路发生翻转,D_4 输出低电平,晶体三极管 VT_1 和 VT_2 处于截止状态,继电器 KM 的线圈断电,也就使得常开触点 KM_{-1} 断开,照明电路处于断开状态,照明灯 EL 熄灭。

2. 电路图

与非门电路构成的触摸式照明电路图如图 10-1 所示。

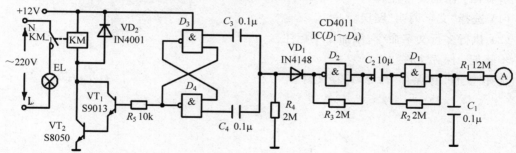

图 10-1 与非门电路构成的照明电路图

3. 主要组成部分电路图

(1) 控制电路如图 10-2 所示。

(2) 双稳态触发电路如图 10-3 所示。

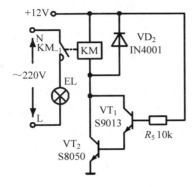
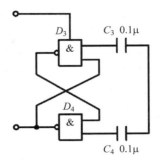

图 10-2　控制电路　　　　　　　　　图 10-3　双稳态触发电路

(3) 触摸电路如图 10-4 所示。

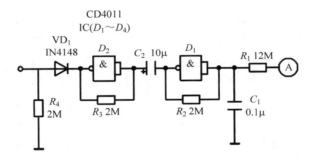

如图 10-4　触摸电路

10.2　题库 2　孵化设备控制电路设计

1. 孵化设备控制电路工作原理

孵化设备控制电路要可以控制孵化过程中的温度,使其达到孵化设定的温度,防止产生过高的温度造成孵化的蛋损坏。可以自控进行翻蛋,使其孵化的过程更为简便,节省了人力,还提高了效率。

孵化设备控制电路由电源电路、温度控制电路和翻蛋控制电路组成。其工作流程为:

(1) 当开关 SA 闭合时,由 AC 220V 供电,指示灯 EL_1 亮,经变压器 T 后输出 12V 电压。

(2) 12V 电压经桥式整流堆整流,由电容器 C_7 和 C_8 进行滤波,将直流电压加给三端稳压集成电路。

(3) 经三端稳压器内部工作后,输出 9V 电压,为翻蛋控制电路和温度控制电路供电。

(4) 当 9V 工作电压输入到翻蛋控制电路中时,电容器 C_5 进行充电,开始时由于 ICl 的②脚、⑥脚电压过低,由③脚输出的为低电平,双向晶闸管 VT_4 截止,指示灯 EL_3 不亮,电动机 M 不工作,无法进行翻蛋。

(5) 当电容器 C_5 进行充电后,ICl 的②脚、⑥脚电压上升,ICl 的③脚输出低电平,双向晶闸管 VT₄ 导通,指示灯 EL₃ 亮,电动机 M 进行翻蛋工作。

(6)当翻蛋工作完成后,电容器 C₅ 电压下降,ICl 的③脚输出高电平,双向晶闸管截止,指示灯 EL₃ 灭,电动机 M 停止翻蛋工作;当电容器 C₅ 的电量再次充满后,翻蛋控制电路继续进行翻蛋工作,进入反复工作状态。

(7)当温度控制电路中接到供电电压后,由于该电路在刚开始时,加热器处于低温,热敏电阻器的阻值较大,晶体三极管 VT₁、VT₂ 导通,将双向晶闸管 VT₃ 导通,指示灯 EL₂ 亮,加热器进行加热工作。

(8)当加热器加热到一定的温度后,热敏电阻器阻值减小,使晶体三极管 VT₁、VT₂ 截止。双向晶闸管也随之截止,指示灯 EL₂ 灭,加热器停止工作。当一段时间后,随着热敏电阻器周围的温度降低,晶体三极管 VT₁、VT₂ 重新导通,双向晶闸管导通,指示灯 EL₂ 亮,加热器工作。该电路进入反复工作状态。

2. 电路图

孵化设备控制电路图如图 10-5 所示。

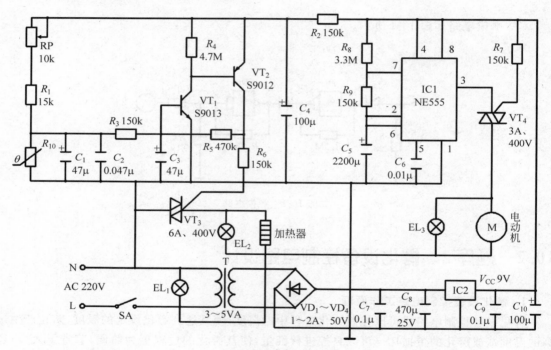

图 10-5 孵化设备控制电路图

3. 主要组成部分电路图

(1)电源电路如图 10-6 所示。

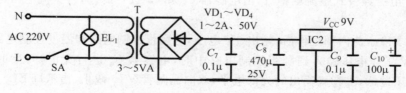

图 10-6 电源电路

（2）温度控制电路如图 10-7 所示。

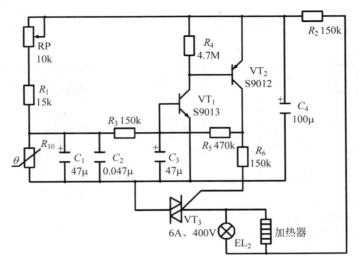

图 10-7　温度控制电路

（3）翻蛋控制电路如图 10-8 所示。

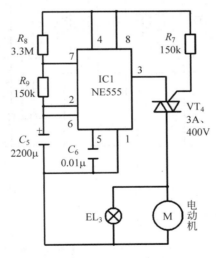

图 10-8　翻蛋控制电路

10.3　题库 3　超外差式调幅收音机电路设计

1. 超外差式调幅收音机电路工作原理

超外差式调幅收音机由调谐回路（输入回路）、本振回路、混频电路、检波电路、自动增益控制电路和音频功率放大电路组成。其工作原理如图 10-9 所示。

2. 超外差式调幅收音机电路图

电路图如图 10-10 所示。

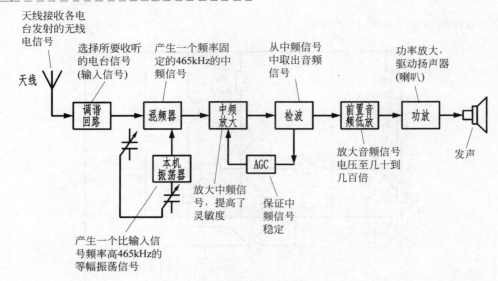

图 10-9　工作原理图

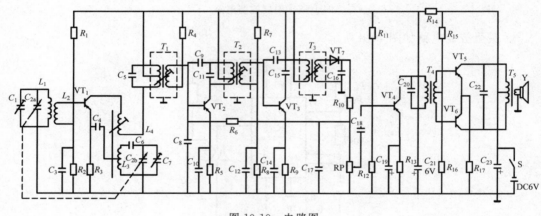

图 10-10　电路图

3. 主要组成部分电路图

（1）调谐回路及变频电路如图 10-11 所示。

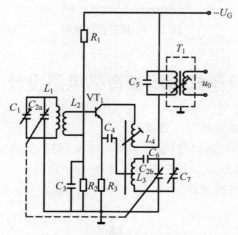

图 10-11　调谐回路及变频电路

（2）中频放大及检波电路如图 10-12 所示。

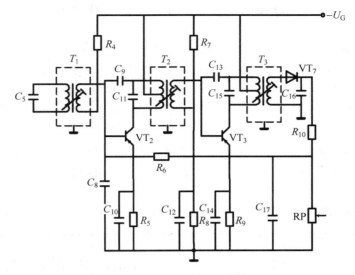

图 10-12　中频放大及检波电路

（3）音频功率放大电路如图 10-13 所示。

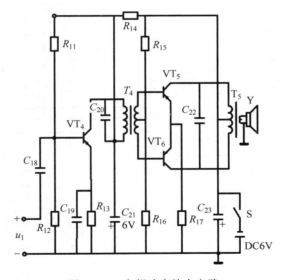

图 10-13　音频功率放大电路

10.4　题库 4　长城 KYT11-30 型可调速风扇电路设计

1. 可调速风扇电路工作原理

可调速电风扇主要是通过操作电路与主控芯片配合输出触发脉冲信号，使实现调速功能的晶闸管分别导通为电动机供电，从而使电动机旋转并实现调速。

长城 KYT11-30 型可调速风扇电路由电源供电电路、控制电路、显示电路、操作电路和电动机驱动电路构成。电源供电电路主要为电风扇的电路元件以及功能部件提供工作电压；控制电路是电风扇整机的控制核心;显示及操作电路为主控芯片提供人工指令信号,并通过发光二极管显示当前的工作状态;电动机驱动电路是通过微处理器输出控制信号,触发双向晶闸管导通,从而控制电动机的工作状态。

长城 KYT11-30 型可调速风扇电路的工作流程为:

(1)交流 220V 电压经电源开关 S_1、熔断器和降压电路 R_1、C_1 后,由 VD_1 进行整流,再由 C_2 滤波、VD_2 稳压、C_3 滤波输出+3V 电压。

(2)+3V 电压加到主控芯片 BA3105 的⑦脚上。开机后,主控芯片的⑰、⑱、①脚,其中会有一脚输出对应的触发脉冲。

(3)输出脉冲信号后,使被控制的晶闸管导通,风扇电动机得电旋转。VS_4 接在转叶电动机的供电电路中,如果 IC 芯片②脚输出触发信号使 VS4 导通,则转叶电动机旋转。

2. 电路图

长城 KYT11-30 型可调速风扇电路图如图 10-14 所示。

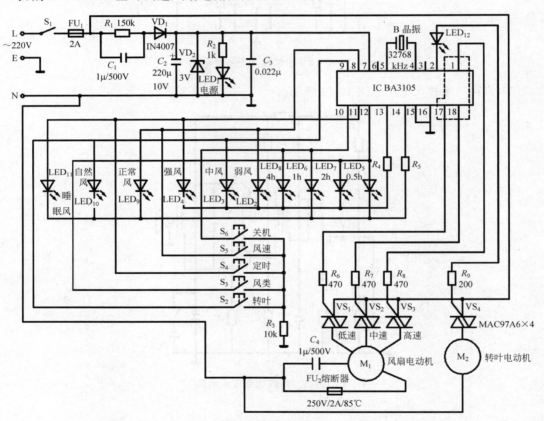

图 10-14   长城 KYT11-30 型可调速风扇电路图

3. 主要组成部分电路图

(1)电源供电电路如图 10-15 所示。

(2)控制电路如图 10-16 所示。

(3)显示与操作电路如图 10-17 所示。

(4)电动机驱动电路如图 10-18 所示。

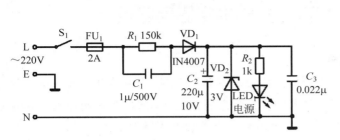

图 10-15 电源供电电路

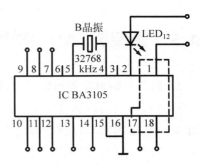

图 10-16 控制电路

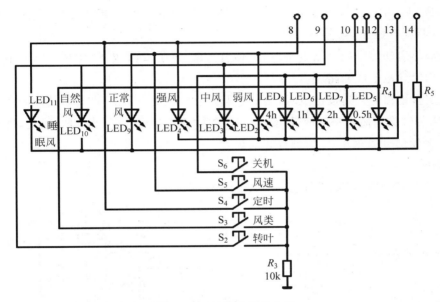

图 10-17 显示与操作电路

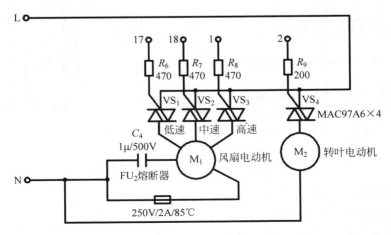

图 10-18 电动机驱动电路

10.5　题库5　ML-1610型激光打印机定影电路设计

1. 激光打印机定影电路工作原理

激光打印机的定影电路主要是由定影加热器控制电路、温度检测电路和交流供电控制电路组成。定影加热器控制电路对定影加热器的工作状态进行控制；温度检测电路对定影加热器的温度进行检测，并进行过热保护；交流供电电路为定影加热器提供工作电压。

激光打印机定影电路的工作流程为：

（1）定影加热器的供电电压经扼流圈加到双向晶闸管上。

（2）于是 PC1 中的二极管导通，并为双向晶闸管的触发器（G）提供触发信号，双向晶闸管立即导通，加热器开始加热。

（3）当加热启动信号端为高电平时，晶体管 TR_2 导通，24V 电压经 R_{21}、PC1 中的发光二极管，再经 TR_2 到地形成回路。

（4）当定影辊温度到达设定值时，热敏电阻器电阻值发生变化，进而使晶体管 TR_1 导通。

（5）IC1 的②脚由高电平变成低电平，IC1 的①脚输出低电平，使 TR_2 截止，进而使双向晶闸管失去触发信号而截止，定影器停止加热。

2. 电路图

ML-1610 型激光打印机定影电路图如图 10-19 所示。

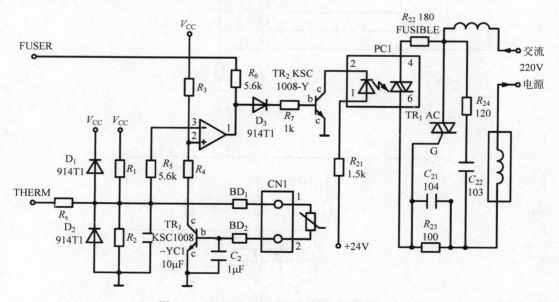

图 10-19　ML-1610 型激光打印机定影电路图

3. 主要组成部分电路图

（1）交流供电电路如图 10-20 所示。

（2）定影加热器控制电路如图 10-21 所示。

（3）温度检测电路如图 10-22 所示。

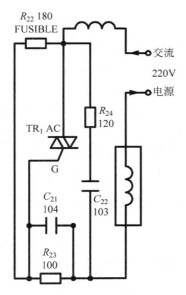

图 10-20　交流供电电路

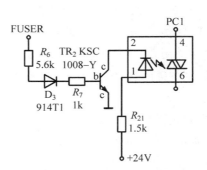

图 10-21　定影加热器控制电路

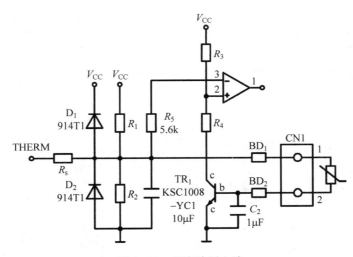

图 10-22　温度检测电路

10.6　题库 6　XJ1 系列降压启动控制箱的降压启动控制电路设计

1. XJ1 系列降压启动控制箱的降压启动控制电路工作原理

XJ1 系列降压启动控制箱是应用延边三角(△)降压启动方法而制成的一种启动设备,箱内无降压自耦变压器,可允许频繁操作,并可作 Y-△降压启动。

其工作原理为:电路通电后,隔离开关 QS 将 380V 交流电压引入该延边△降压启动控制线路。当需要三相异步电动机 M 启动运转时,按下其启动按钮 SB_1,接触器 KM_2 得电吸合并自锁,其联锁触头断开,切断接触器 KM_3 与中间继电器 KA 线圈回路电源实现联锁控制,同时 KM_2 在 6 区中的辅助常开触头闭合,接触器 KM_1 得电吸合并自锁。此时主电路中接触器 KM_1、KM_2 主触头闭合,将电动机 M 绕组连接成延边△联结降压启动运转。同时,时间继电器 KT 得电开始计时,为电动机 M 全压运行做好准备。

经过设定时间,电动机 M 转速上升至接近额定转速时,时间继电器 KT 延时结束,KT 的通电延时断开触头先断开,切断接触器 KM_2 线圈回路电源,KM_2 失电释放,其主触头断开,解除电动机 M 延边△联结。KT 的通电延时闭合触头后闭合,中间继电器 KA 得电吸合并自锁,其常开触头闭合,接通接触器 KM_3 线圈回路电源,KM_3 得电吸合。此时主电路中接触器 KM_1、KM_3 主触头闭合,将电动机 M 绕组连接成△联结全压运转,从而实现延边△减压启动控制功能。

指示电路由降压变压器 TC、指示灯 $HL_1 \sim HL_3$ 组成。实际应用时,HL_1 由接触器 KM_1、KM_2 的辅助常开触头进行控制,HL_2 由接触器 KM_1 辅助常开触头和 KM_2 辅助常闭触头进行控制,HL_3 由接触器 KM_3 辅助常开触头进行控制。

2. 电路图

XJ1 系列降压启动控制箱的降压启动控制电路图如图 10-23 所示。

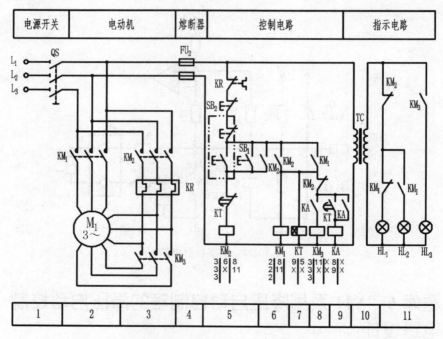

图 10-23　XJ1 系列降压启动控制箱的降压启动控制电路图

3. 主要组成部分电路图

（1）主电路如图 10-24 所示。

（2）控制电路如图 10-25 所示。

（3）指示电路如图 10-26 所示。

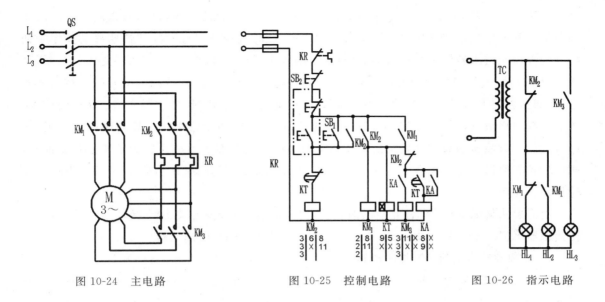

图 10-24 主电路   图 10-25 控制电路   图 10-26 指示电路

10.7 题库 7 M1432 型万能外圆磨床电气控制电路设计

1. M1432 型万能外圆磨床电气控制工作原理

M1432 型万能外圆磨床适用于磨削圆柱形和圆锥形的工件。其工件转动、外圆砂轮、内圆砂轮、油泵和冷却均由独立电机传动。头架电机采用永磁直流电机通过电动机调速板实现工件的无级调速。

（1）主电路的工作原理。

电路通电后，隔离开关 QS 将 380V 的三相电源引入 M1432 型万能外圆磨床主电路。其中液压泵电动机 M_1 主电路，内、外砂轮电动机 M_3、M_4 主电路和冷却泵电动机 M_5 主电路均属于单向运转单元主电路结构。实际应用时，对应拖动电动机工作状态分别由接触器 KM_1、KM_4、KM_5、KM_6 主触头控制。

头架电动机 M_2 主电路属于典型的双速电动机单元主电路结构。实际应用时，当接触器 KM_2 主触头闭合时，头架电动机 M_2 绕组接成△联结低速运转；当接触器 KM_3 主触头闭合时，头架电动机 M_2 绕组接成 YY 联结高速运转。热继电器 FR_2 实现头架电动机 M_2 的过载保护功能。

（2）控制电路的工作原理。

① 液压泵电动机 M_1 控制电路。

接触器 KM_1 在 15 号线和 17 号线间的常开触头具有自锁和控制后级控制电路接通与断开的双重功能。因此，只有当接触器 KM_1 闭合，液压泵电动机 M_1 启动运转后，其他电动机才能启动运转。按下启动按钮 SB_2，接触器 KM_1 得电闭合并自锁，其主触头闭合接通液压泵电动机 M_1 的工作电源，M_1 启动运转。

② 头架电动机 M_2 控制电路。

当需要头架电动机 M_2 低速运转时，将其高、低速转换开关 SA_1 扳至"低速"挡位置，然后

按下液压泵电动机 M_2 的启动按钮 SB_2，液压泵电动机 M_2 启动运转，供给机床液压系统液压油。扳动砂轮架快速移动操作手柄至"快速"位置，此时液压油通过砂轮架快速移动操作手柄控制的液压阀进入砂轮架快进移动液压缸，驱动砂轮架快进移动。当砂轮架接近工件时，压合 14 区中的行程开关 ST_1，行程开关 ST_1 在 14 区中 17 号线与 23 号线间的常开触头被压下闭合，接通接触器 KM_2 线圈的电源，接触器 KM_2 通电闭合，其在 3 区的主触头将头架电动机 M_2 的定子绕组接成△联结低速启动运转。当加工完毕后，扳动砂轮架快速移动操作手柄至"快退"位置，此时液压油通过砂轮架快速移动操作手柄控制的液压阀进入砂轮架快退移动油缸，驱动砂轮架快退移动。快退移动至适当位置，将砂轮架快速移动操作手柄扳至"停止"位置，砂轮架停止移动。

当需要头架电动机 M_2 停止运转时，只需将其高、低速转换开关 SA_1 扳至"停止"挡位置，使接触器 KM_2 或 KM_3 失电释放，头架电动机 M_2 停止高速或低速运行。

③ 外圆砂轮电动机 M_4 控制电路。

当需要外圆砂轮电动机 M_4 启动运转时，将砂轮架上的内圆磨具往上翻，行程开关 ST_2 被压下，其在 18 区中 29 号线与 37 号线间的常开触头被压下闭合，为接通接触器 KM_5 线圈电源做好了准备。按下内、外圆砂轮电动机启动按钮 SB_4，接触器 KM_5 通电闭合并自锁，其 6 区中的主触头接通外圆砂轮电动机 M_4 的电源，外圆砂轮电动机 M_4 启动运转。按下停止按钮 SB_5，外圆电动机 M_4 失电停止运行。

④ 内圆砂轮电动机 M_3 控制电路。

当需要内圆砂轮电动机 M_3 启动运转时，将砂轮架上的内圆磨具往下翻，行程开关 ST_2 被松开复位，其在 16 区中 29 号线与 31 号线间的常闭触头复位闭合，为接通接触器 KM_4 线圈电源做好了准备。按下内、外圆电动机启动按钮 SB_4，接触器 KM_4 通电闭合并自锁，其 7 区中的主触头接通内圆砂轮电动机 M_3 的电源，内圆砂轮电动机 M_3 启动运转，按下停止按钮 SB_5，内圆砂轮电动机 M_3 失电停止运行。

⑤ 冷却泵电动机 M_5 控制电路。

当接触器 KM_2 或 KM_3 通电闭合时，接触器 KM_2 或 KM_3 并接在 19 区中 17 号线与 45 号线间的常开触头闭合，接触器 KM_6 通电闭合，其主触头接通冷却泵电动机 M_5 的电源，冷却泵电动机 M_5 启动运转，即当头架电动机 M_2 高速或低速启动运转时，冷却泵电动机 M_5 都会启动运转。此外，当头架电动机 M_2 未启动运转，修整砂轮需要冷却泵电动机 M_5 启动运转供给切削液时，只需将手动接通开关 SA_2 扳至接通位置，冷却泵电动机 M_5 即可启动运转，供给修整砂轮时的切削液。

（3）照明和信号电路工作原理。

控制变压器 TC 的二次侧分别输出 24V 和 6V 交流电压，作为车床低压照明灯和信号灯的电源。EL 作为车床的低压照明灯，由控制开关 SA_3 控制；HL_1 为机床电源指示灯；HL_2 为液压泵电动机 M_1 启动运转信号指示灯，由接触器 KM_1 辅助常开触头控制。熔断器 FU_4、FU_5 实现照明灯和信号灯短路保护功能。

2. 电路图

M1432 型万能外圆磨床电气控制电路图如图 10-27 所示。

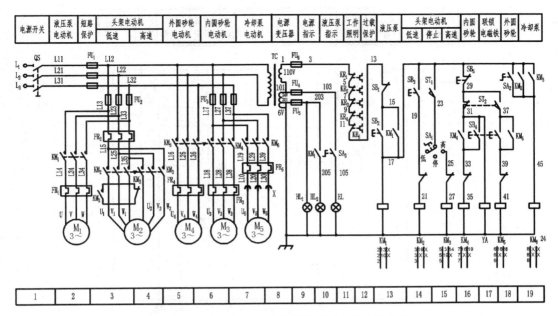

图 10-27　M1432 型万能外圆磨床电气控制电路图

3. 主要组成部分电路图

（1）主电路如图 10-28 所示。

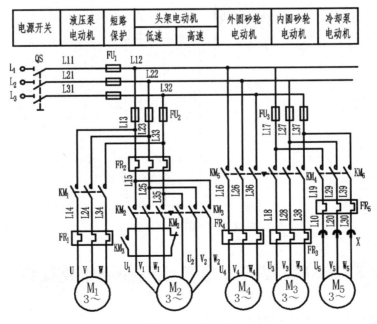

图 10-28　主电路

（2）控制电路如图 10-29 所示。

（3）照明和信号电路如图 10-30 所示。

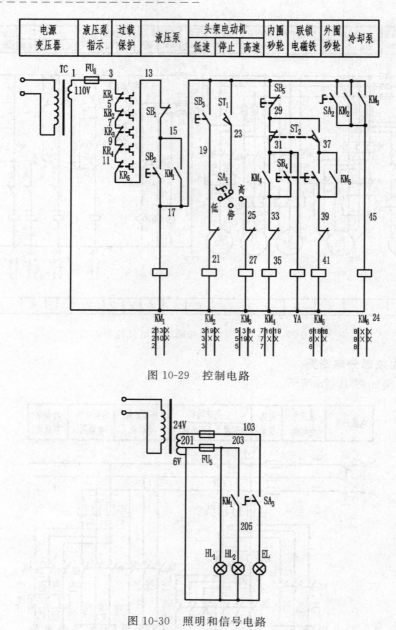

电源 变压器	液压泵 指示	过载 保护	液压泵	头架电动机			内圈 砂轮	联锁 电磁铁	外圈 砂轮	冷却泵
				低速	停止	高速				

图 10-29　控制电路

图 10-30　照明和信号电路

10.8　题库 8　L5120 型立式拉床电气控制电路设计

1. L5120 型立式拉床电气控制工作原理

拉床是用拉刀加工工件各种内、外成形表面的机床,其主运动为直线运动,故为直线运动机床。L5120 型立式拉床适用于各种机械部件的盘、套、环内孔的键槽、异形内孔、螺旋形花键等几何形状的精加工,具有加工精度高、拉力大、传送系统紧凑、机械性能优越等特点。

（1）主电路的工作原理。

电路通电后,隔离开关 QS 将 380V 的三相电源引入 L5120 型立式拉床主电路。实际应用时,主轴电动机 M_1 和冷却泵电动机 M_2 主电路均属于单向运转单元主电路结构,即主轴电动机 M_1 和冷却泵电动机 M_2 工作状态分别由接触器 KM_1 主触头和接触器 KM_2 主触头控制。热继电器 FR_1、FR_2 分别实现主轴电动机 M_1、冷却泵电动机 M_2 过载保护功能。

(2) 控制电路的工作原理。

① 主轴电动机 M_1 控制电路。

电路通电后,当需要主轴电动机 M_1 启动运转时,按下其启动按钮 SB_2,接触器 KM_1 得电吸合并自锁,其主触头闭合接通主轴电动机 M_1 工作电源,M_1 启动运转。若在主轴电动机 M_1 运转过程中,按下其停止按钮 SB_1,则控制电路失电,主轴电动机 M_1 停止运转。

此外,主轴电动机 M_1 启动后,将旋钮 S1XN 扳至"调整"位置,分别按下 SB_5、SB_6、SB_7、SB_8 四个按钮,即可调整辅助溜板(拉刀)和主溜板。

② 冷却泵电动机 M_2 控制电路。

实际应用时,由旋钮开关 S2XN 控制接触器 KM_2 线圈回路电源的接通与断开,即当 S2XN 扳至"接通"位置时,接触器 KM_2 得电吸合,其主触头闭合接通冷却泵电动机 M_2 工作电源,M_2 启动运转;当 S2XN 扳至"断开"位置时,则 KM_2 失电释放,冷却泵电动机 M_2 失电停止运转。

③ 机床周期工作控制电路。

在周期工作之前,应先开"调整",使辅助溜板(拉刀)和主溜板分别压合原位限位开关 ST_1 和 ST_5,然后分别使旋钮 S1XN 和转换开关 S2K 处于所需的周期位置,最后按下"周期启动"按钮 SIM,机床便开始相应的周期工作。L5120 型立式拉床可以实现普通周期、自动周期、全周期、半周期 4 种工作周期和调整。

(3) 照明电路的工作原理。

380V 交流电压经控制变压器 TC 降压分别输出 24V 与 6V 交流电压给照明电路与信号电路供电。控制开关 SA 实现照明灯 EL 控制功能,熔断器 FU_4 实现照明电路短路保护功能。

2. 电路图

L5120 型立式拉床电气控制电路图如图 10-31 所示。

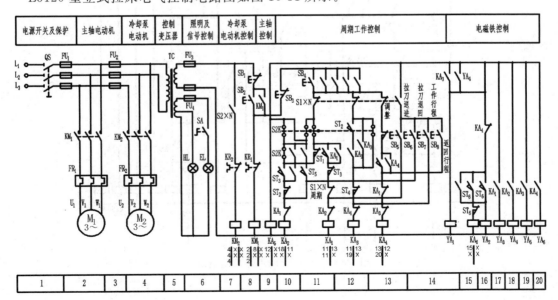

图 10-31　L5120 型立式拉床电气控制电路图

3. 主要组成部分电路图

（1）主电路如图 10-32 所示。

（2）冷却泵与主轴电动机控制电路如图 10-33 所示。

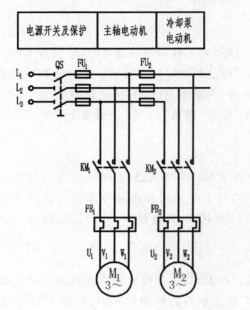

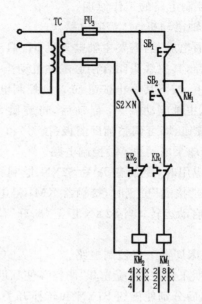

图 10-32　主电路　　　　　　　　　图 10-33　冷却泵与主轴电动机控制电路

（3）机床周期工作控制电路如图 10-34 所示。

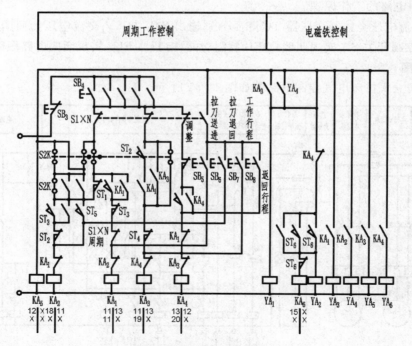

图 10-34　机床周期工作控制电路

（4）照明电路如图 10-35 所示。

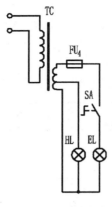

图 10-35　照明电路

10.9　题库 9　双面单工液压传动组合机床电气控制电路设计

1. 双面单工液压传动组合机床电气控制工作原理

组合机床是以通用部件为基础，配以按工件特定形状和加工工艺设计的专用部件和夹具，组成的半自动或自动专用机床，可以完成钻孔、扩孔、铰孔、镗孔、攻丝、车削、铣削及精加工等多道工序。适应于大批量生产，能稳定地保证产品的质量，具有设计和制造周期短、低成本、高效率等特点。

（1）基于双面单工液压传动组合机床主电路的工作原理。

电路通电后，隔离开关 QS 将 380V 的三相电源引入双面单工液压传动组合机床主电路。实际应用时，左动力头电动机 M_1、右动力头电动机 M_2、冷却泵电动机 M_3 主电路均属于单向运转单元主电路结构，电动机 $M_1 \sim M_3$ 工作状态分别由接触器 $KM_1 \sim KM_3$ 主触头进行控制，当接触器 $KM_1 \sim KM_3$ 主触头闭合时，对应电动机启动运转；当接触器 $KM_1 \sim KM_3$ 主触头断开时，对应电动机停止运转。此外，热继电器 $FR_1 \sim FR_3$ 实现对应电动机过载保护功能，熔断器 $FU_1 \sim FU_3$ 实现对应电动机短路保护功能。

（2）基于双面单工液压传动组合机床控制电路的工作原理。

机床工作时，将手动开关 SA_1、SA_2 扳至自动循环位置，按下机床启动按钮 SB_2，接触器 KM_1、KM_2 通电闭合并自锁，其主触头闭合，左、右动力头电动机 M_1、M_2 启动运转。按下"前进"按钮 SB_3，中间继电器 KA_1、KA_2 通电闭合并自锁，电磁阀 YV_1、YV_2 线圈通电动作，左、右动力头离开原位快速前进。此时行程开关 ST_1、ST_2、ST_5、ST_6 首先复位，接着行程开关 ST_3、ST_4 也复位。由于行程开关 ST_3、ST_4 复位，中间继电器 KA_0 通电闭合并自锁，为左、右动力头自动停止做好了准备。动力头在快速前进的过程中，由于各自的行程阀自动转换为工进，并压下行程开关 ST_1，使得接触器 KM_3 通电闭合，冷却泵电动机 M_3 启动运转，供给机床切削冷却液。左动力头加工完毕后，压下行程开关 ST_7，并通过挡铁机械装置动作使油压系统油压升高，压力继电器 KP_1 动作，14 区中 KP_1 的常开触头闭合，中间继电器 KA_3 通电闭合并自锁，中间继电器 KA_1 失电释放。同理，右动力头加工完毕后，压下行程开关 ST_8，使得压力继电器 KP_2 动作，19 区中 KP_2 的常开触头闭合，中间继电器 KA_4 闭合并自锁，中间继电器 KA_2 失电释放。由于中间继电器 KA_1、KA_2 失电释放，电磁阀 YV_1、YV_3 失电且 YV_2、YV_4 通电，此时左、右动力头快速后退。当左、右动力头退回至行程开关 ST 处时，ST 复位，接触器 KM_3 失电释放，冷却泵电动机 M_3 停止运转。而当左、右动力头退回至原位时，首先压下行程开关 ST_3、ST_4，然后压下行程开关 ST_1、ST_2、ST_5、ST_6，接触器 KM_1、KM_2 失电释放，左、右动力头电动机 M_1、M_2 停止运转，完成一次循环加工过程。

2. 电路图

双面单工液压传动组合机床电气控制电路图如图 10-36 所示。

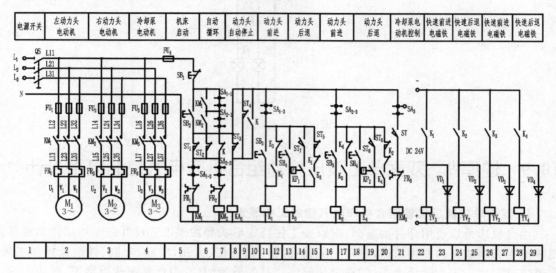

图 10-36 双面单工

3. 主要组成部分电路图

(1) 主电路如图 10-37 所示。

(2) 工作台控制电路如图 10-38 所示。

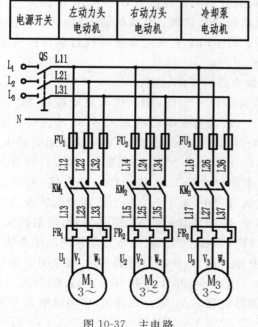

图 10-37 主电路

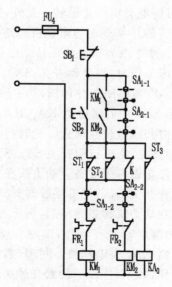

图 10-38 工作台控制电路

（3）动力头控制电路如图 10-39 所示。

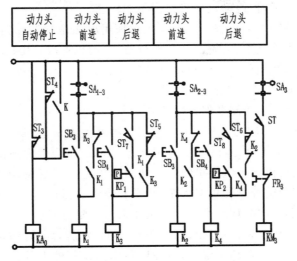

图 10-39　动力头控制电路

（4）电磁铁控制电路如图 10-40 所示。

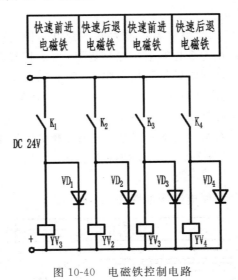

图 10-40　电磁铁控制电路

10.10　题库 10　20/5t 型桥式起重机电气控制电路设计

1. 20/5t 型桥式起重机电气控制工作原理

20/5t 型桥式起重机是厂矿、企业、车站、港口等领域应用广泛的物料搬运设备,具有自重轻、材料省、造价低、迎风面积小等特点,且可根据要求增设空载、超负荷指示器、对讲机、无线遥控装置等。

（1）基于 20/5t 型桥式起重机主电路的工作原理。

电路通电后,隔离开关 QS_1 将 380V 的三相电源引入 20/5t 型桥式起重机主电路。其中,副钩电动机 M_1、小车电动机 M_2、大车电动机 M_3、M_4 的容量都较小,均采用凸轮控制器进行控制,主钩电动机 M_5 采用接触器控制。同时,由于起重机的负载为恒转矩,所以采用恒转矩调速,即改变转子外接电阻时,电动机便可获得不同转速。

此外,起重机上的移动电动机和提升电动机均采用电磁抱闸制动器制动。当电动机通电时,电磁抱闸制动器的线圈获电,使闸瓦与闸轮分开,电动机可以自由旋转;当电动机断电时,电磁抱闸制动器失电,闸瓦抱住闸轮使电动机被制动停转。

(2) 基于 20/5t 型桥式起重机控制电路的工作原理。

① 拖动电动机 M_1～M_4 控制及保护电路。

需要拖动电动机 M_1～M_4 启动运转时,合上电源开关 QS_1,按下启动按钮 SB,主接触器 KM 得电吸合,KM 主触头闭合并自锁,使两相电源(U12、V12)引入各凸轮控制器,另一相电源(W13)直接引入各电动机定子绕组接线端。此时由于各凸轮控制器手柄均在零位,故电动机不会运转。然后利用凸轮控制器可对大车、小车和副钩进行控制。

此外,起重机的各移动部分均采用行程开关作为行程限位保护。其中 ST_1、ST_2 为小车横向限位保护;ST_3、ST_4 为大车纵向限位保护;ST_5、ST_6 分别为主钩和副钩提升的限位保护。实际应用时,当移动部件的行程超过限位位置时,利用移动部件上的挡铁压开位置开关,使电动机断电并制动,从而保证了设备的安全运行。另外,ST_7 为驾驶室舱门盖上安全开关;ST_8、ST_9 分别为横梁两侧栏杆门上安全开关。

② 主钩电动机 M_5 控制电路。

由于主钩电动机 M_5 是桥式起重机容量最大的一台电动机,故一般采用主令控制器 AC_4 配合磁力控制屏进行控制,即用主令控制器控制接触器,再由接触器控制电动机。此外,为提高主钩电动机运行的稳定性,在切除转子附加电阻时,采取三相平衡切除,使三相转子电流平衡。实际应用时,主钩运行有升、降两个方向。其中,主钩上升与凸轮控制器的控制过程基本相似,区别仅在于它是通过接触器实现的。主钩下降具有 6 挡。分别为 J、1～5 挡,其中 J、1、2 挡为制动下降挡,可防止在吊有重负载下降时速度过快,电动机处于倒拉反接制动运行状态;3、4、5 挡为强力下降挡,主要用于轻负载时快速强力下降。

2. 电路图

20/5t 型桥式起重机电气控制电路图如图 10-41 所示。

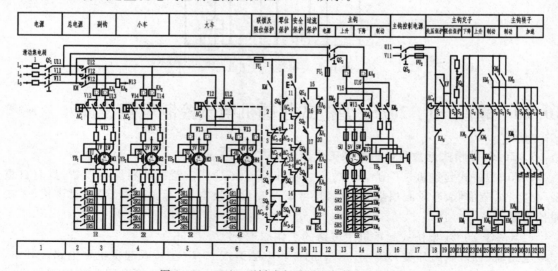

图 10-41   20/5t 型桥式起重机电气控制电路图

3. 主要组成部分电路图

（1）主电路如图 10-42 所示。

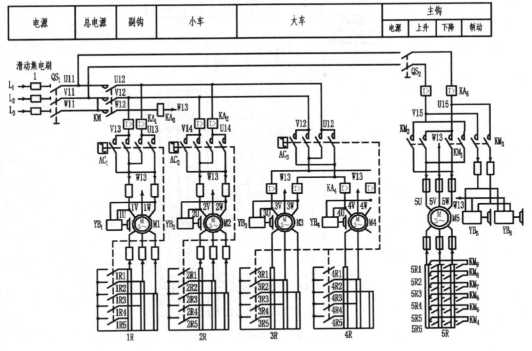

图 10-42 主电路

（2）拖动电动机 $M_1 \sim M_4$ 控制及保护电路如图 10-43 所示。

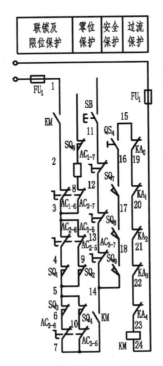

图 10-43 拖动电动机 $M_1 \sim M_4$ 控制及保护电路

（3）主钩电动机 M₅ 控制电路如图 10-44 所示。

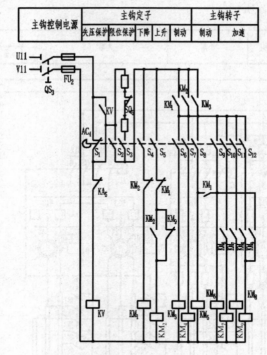

图 10-44　主钩电动机 M₅ 控制电路

附录

AutoCAD 主要命令一览表

AutoCAD 中各个版本在命令上的变化很小，所以以下内容不限版本。

章节	命　令	功　　能
1.2	zoow	放大或缩小显示当前视口中对象的外观尺寸
	pan	在当前视口中移动视图，即实时移动
	redraw	刷新当前视口中的显示
	regen	从当前视口重新生成整个图形
1.3	limits	设置图形界限
	units	控制坐标和角度的显示格式和精度
	layer	管理图层和图层特性
	linetype	加载、设置和修改线型
	rectang	绘制矩形
1.4	osnap	打开"草图设置"对话框
	ltscale	设置全局线型比例因子
2.1	line	绘制直线
2.2	circle	绘制圆
2.4	trim	按其他对象定义的剪切边修剪对象
	offset	偏移
	mirror	镜像
	erase	删除
2.5	array	打开阵列对话框
	explode	分解组合对象
2.6	polygon	绘制正多边形
	fillet	给对象加圆角
3.1	rotate	围绕基点旋转对象
	extend	将对象延伸到另一对象
3.2	pline	创建二维多段线
3.3	scale	在 X、Y 和 Z 方向按比例放大或缩小对象
3.4	arc	绘制圆弧
	lengthen	修改对象的长度或圆弧的包含角

章节	命　令	功　　能
3.5	xline	创建无限长的线
	break	在两点之间打断选定对象
	hatch	用填充图案、实体填充或渐变填充填充封闭区域或选定对象
3.6	spline	在指定的公差范围内把光滑曲线拟合成一系列的点
4.1	style	创建、修改或设置命名文字样式
4.2	mtext	添加多行文字
	text	创建单行文字对象
	copy	复制
4.3	dimstyle	打开"标注样式管理器"对话框
4.4	dimlinear	创建线性标注
	dimaligned	创建对齐线性标注
	dimangular	创建角度标注
	dimcontinue	从上一个标注或选定标注的第二条延伸线处创建线性标注、角度标注或坐标标注
	dimdiameter	创建圆和圆弧的直径标注
	dimbaseline	从上一个标注或选定标注的基线处创建线性标注、角度标注或坐标标注
	dimradius	创建圆和圆弧的半径标注
	qdim	快速标注
5.1	block	根据选定对象创建块
	insert	将图形或命名块插入到当前图形中
	wblock	将对象或块写入新图形文件
5.2	attdef	打开块"属性定义"对话框
	attedit	改变块属性信息
	move	移动
5.3	table	在图形中创建空白表格对象
	tablestyle	定义新的表格样式
	tabledit	表格文字编辑
6.1	donut	绘制填充的圆和环
6.2	matchprop	将选定表格单元的特性应用到其他表格单元
6.3	stretch	移动或拉伸对象
6.4	join	将对象合并以形成一个完整的对象
7.1	ddedit	文字编辑
7.2	properties	弹出"特性"选项板
	propertiesclose	关闭"特性"选项板
8.1	toolpalettes	打开"工具选项板"窗口
	adcenter	打开"设计中心"窗口
8.2	mline	创建多条平行线
8.3	mview	创建并控制布局视口
	pspace	从模型空间视口切换到图纸空间
	mspace	从图纸空间切换到模型空间视口
	preview	显示图形的打印效果
	plot	将图形打印到绘图仪、打印机或文件
	region	将包含封闭区域的对象转换为面域对象

参 考 文 献

1. 巫莉.电气控制与 PLC 应用[M].北京：中国电力出版社,2008.
2. 王向军,刘爱军,刘雁征.AutoCAD 2008 电气设计经典学习手册[M].北京：北京希望电子出版社,2009.
3. 温春友,王代萍,苏金芝.AutoCAD 2009 电气设计高手成长手册[M].北京：中国铁道出版社,2009.
4. 王菁,乔建军.AutoCAD 2012 电气设计绘图基础入门与范例精通[M].北京：科学出版社,2011.
5. 张立富,彭景云,刘新力.AutoCAD 2012 中文版电气绘图高手速成[M].北京：电子工业出版社,2012.
6. CAD/CAM/CAE 技术联盟.AutoCAD 2012 中文版电气设计从入门到精通[M].北京：清华大学出版社,2012.
7. 李瑞,胡仁喜.详解 AutoCAD 2012 电气设计[M].北京：电子工业出版社,2012.
8. 邓艳丽,刘宇.AutoCAD 2013 电子与电气设计完全自学手册[M].北京：人民邮电出版社,2013.
9. 李腾训,魏铮.AutoCAD 机械设计案例教程[M].北京：人民邮电出版社,2014.

图书资源支持

感谢您一直以来对清华版图书的支持和爱护。为了配合本书的使用，本书提供配套的素材，有需求的用户请到清华大学出版社主页（http://www.tup.com.cn）上查询和下载，也可以拨打电话或发送电子邮件咨询。

如果您在使用本书的过程中遇到了什么问题，或者有相关图书出版计划，也请您发邮件告诉我们，以便我们更好地为您服务。

我们的联系方式：

地　　址：北京海淀区双清路学研大厦 A 座 707

邮　　编：100084

电　　话：010－62770175－4604

资源下载：http://www.tup.com.cn

电子邮件：weijj@tup.tsinghua.edu.cn

QQ：883604（请写明您的单位和姓名）

用微信扫一扫右边的二维码，即可关注清华大学出版社公众号"书圈"。

扫一扫
资源下载、样书申请
新书推荐、技术交流